V. 691.
2.

2946.

ART

DU

SERRURIER,

COMPRENANT

LES MOYENS DE RECONNAITRE LES QUALITÉS DES MATIÈRES PREMIÈRES,

LES MEILLEURES DISPOSITIONS DES OUTILS PROPRES A L'EXÉCUTION DES DIFFÉRENS OUVRAGES,
ET LA MANIÈRE DE FAIRE LES PRINCIPALES OPÉRATIONS DE CET ART;

La description des ferrures employées à la fermeture des baies des bâtimens, et celle des serrures ordinaires, depuis la plus simple jusqu'à la plus compliquée;

ENFIN

La démonstration des principes fondamentaux des Serrures à combinaison, avec la représentation des mécanismes les plus ingénieux et les plus nouveaux où ces principes sont appliqués.

Avec dix-sept planches renfermant environ 400 figures.

PAR M. HOYAU, Ingénieur-Mécanicien.

A PARIS,

CHEZ BANCE AÎNÉ, ÉDITEUR, MARCHAND D'ESTAMPES,

Rue Saint-Denis, N°. 214.

1826.

DE L'ART DU SERRURIER.

INTRODUCTION.

LA Serrurerie est une des plus belles parties de la construction : nous lui devons l'ornement d'une portion de nos édifices civils ; les grilles, les balcons, les devantures de boutiques, les rampes des escaliers, ajoutent, par leur élégance et leur légèreté, à l'embellissement des façades et des intérieurs, et apportent en même temps la commodité et la sûreté dans nos habitations.

L'industrie, dont les progrès sont aujourd'hui si rapides, devait étendre son influence sur tous les arts, et principalement sur ceux qui emploient les métaux ; aussi voyons-nous qu'ils ont été les premiers à l'éprouver, et que la serrurerie est traitée avec une précision d'exécution, une pureté de forme qui ne laissent plus rien à désirer. L'emploi de la fonte de fer et du cuivre a permis de donner aux ornemens des formes que l'on ne pouvait obtenir qu'à grands frais de la tôle relevée, et la solidité s'est jointe à l'élégance, puisque les ornemens en fonte sont pour ainsi dire indestructibles.

Les balcons et les appuis des croisées sont maintenant fondus tout entiers : on en trouve des modèles dont les ornemens sont de bon goût, et qui sont d'un prix si peu élevé, qu'un de ces balcons, pour une croisée de trois pieds et demi, coûte moins que le plus simple balcon de fer. Les balustres des rampes, les colonnes qui supportent les poitrails des maisons dans les boutiques, se font maintenant en fonte ; les petites pièces d'ornement, telles que bases, astragales, chapiteaux, pommes de pin, tirses, fers de lance, feuilles, guirlandes, figures, etc., sont aussi fondus en fonte douce, avec une grande correction.

Mais en apportant de nouveaux perfectionnemens dans l'art de la serrurerie, il a fallu ajouter aux outils qui servent à l'exécution des travaux : ainsi on ne peut maintenant se passer du tour, dont l'usage était autrefois inconnu dans cet art, et dont l'emploi apporte tant de précision, de perfection et de célérité dans les ajustemens ; aussi avons-nous donné tous les détails et les développemens que cette partie de l'art nous a paru comporter.

Notre travail se divisera donc en quatre parties principales :

La première traitera des matériaux employés, de leur qualité, de leur origine, de leur choix, et des moyens de les reconnaître.

La seconde donnera les meilleures dispositions pour les outils, tels que la forge et toutes ses dépendances ; les outils d'établi ; le tour et tous ses accessoires.

La troisième offrira tous les documens nécessaires à l'exécution et à l'emploi des outils décrits dans la seconde partie, et toutes les observations qu'une pratique suivie nous a mis à portée de faire ; tous les moyens dont nous avons reconnu l'avantage y seront présentés avec autant de clarté qu'il nous sera possible ; nous décrirons quelques procédés utiles et trop peu connus ; enfin nous tâcherons de ne rien omettre de ce qui peut faciliter et accélérer l'exécution des travaux.

La quatrième partie traitera des travaux en eux-mêmes ; nous donnerons la description et les détails 1°. des grandes et des petites ferrures des différentes baies d'un bâtiment, telles que portes-cochères, devantures de boutique, portes, fenêtres, volets, etc. ; 2°. de la fermeture de sûreté, comprenant les serrures ordinaires de portes et de meubles, les cadenas ordinaires, les serrures et cadenas à combinaisons, etc. ; nous donnerons aussi quelques exemples de fermetures extraordinaires, que nous choisirons avec tout le discernement que nous serons capables d'y mettre. Dans toute cette partie du travail, nous établirons les principes sur lesquels la construction de ces différens mécanismes est fondée, de manière à pouvoir aider l'artiste ingénieux à en varier les applications, et offrir à son tour des choses nouvelles par leurs dispositions.

Le peu d'étendue que nous devions donner à l'ouvrage, pour ne pas le porter à un prix qui dépassât les facultés du plus grand nombre des praticiens auxquels il peut être utile, ne nous permettant pas d'entrer dans des détails aussi minutieux que nous aurions désiré le faire, nous nous appliquerons à ne rien omettre de ce qui peut servir à l'intelligence des descriptions, et nous ne supprimerons que ce qui a rapport aux opérations familières à tout artiste déjà muni des connaissances pratiques de son état.

Quant aux dessins des outils et des autres pièces qui sont représentés dans les planches, nous pouvons assurer que nous n'avons rien négligé pour offrir avec toute l'exactitude possible ce qui nous a paru le plus convenable : on peut donc exécuter à l'échelle les pièces dont nous avons donné les plans, et, pour plus de facilité, les différentes vues et les coupes, de sorte qu'avec un peu d'habitude du dessin, il est impossible de faire aucune erreur.

L'instruction, dont les bienfaits s'étendent maintenant à toutes les classes, et commencent heureusement à se répandre sur celle dont les momens sont consacrés aux travaux industriels, nous fait espérer que le travail auquel nous nous sommes livré, aura le résultat utile que nous en attendons, et que nous considérerons comme notre plus douce récompense.

DE L'ART DE LA SERRURERIE.

DES MATIÈRES.

1. Le fer est le plus abondant et le plus utile de tous les métaux. Sa dureté, sa ténacité, sa ductilité et enfin ses propriétés en général, multiplient singulièrement son emploi, et lui permettent de se prêter à une infinité de besoins auxquels la plupart des autres métaux ne pourraient satisfaire.

On peut diviser le fer en deux genres, le fer provenant de la fusion du minerai, et que l'on nomme fonte, l'autre qui résulte de cette même fonte travaillée et affinie, et qui est le fer proprement dit.

DE LA FONTE.

2. La fonte est devenue depuis quelques années la base d'un grand nombre de constructions soit dans les arts mécaniques, soit dans les constructions architecturales, et son emploi doit aller en augmentant, à mesure que que l'art de la fonderie, en se perfectionnant, fournira plus de moyens d'en faire l'application; déjà nous voyons une multitude de pièces que l'on croyait ne pouvoir être construites qu'avec du fer malléable, et pour lesquelles l'emploi de la fonte offre une économie très-considérable; ainsi les ornemens des devantures, les pilastres de rampes, les balustrades, les balcons même les plus légers, s'exécutent en fonte avec un grand avantage. Cependant lorsque les pièces ont des efforts à supporter ou des chocs à recevoir, il convient de les construire en fer forgé, à cause des chances que peut présenter la fonte; en effet, la pièce de fonte la plus saine en apparence, renferme souvent des parties creuses ou soufflures qui en altèrent la force, et rendent son usage dangereux. Il convient donc, dans certains cas, d'en essayer la résistance avant de l'employer: on peut aussi, en frappant sur toute la surface avec un marteau, reconnaître au son les cavités qui peuvent s'y rencontrer.

Peut-être ne serait-il pas hors de propos, en parlant de la fonte, de dire un mot sur la manière de construire les modèles qui servent à faire les moules dans lesquels on coule la fonte.

DU MOULAGE DES PIÈCES DE FONTE.

3. Lorsque l'on veut mouler une pièce de fonte, on place le modèle dans un châssis, on le couvre de sable que l'on bat fortement, et ensuite on retire le modèle du sable, où il laisse un vide de même forme: le modèle doit donc être disposé de manière à se retirer facilement, c'est-à-dire que toutes les saillies présentent des surfaces dont tous les angles rentrans soient ouverts au-dehors. On nomme cette disposition *dépouille*. Tous les points d'un modèle doivent donc offrir de la dépouille; dans le cas où quelques parties ne pourraient en présenter, et offriraient des angles rentrans dont le sable ne pourrait sortir, il convient de détacher du modèle les pièces qui offrent cette disposition, de manière à ce qu'en enlevant les vis ou les chevilles qui les fixent, le

reste du modèle puisse être facilement retiré, et ensuite on retire les pièces restantes.

Lorsque l'on veut obtenir des trous dans les pièces de fonte, il faut placer dans le moule des morceaux de sable disposés de manière à conserver le vide que l'on veut obtenir. On nomme ces pièces *noyaux*. Lorsque leur forme est particulière à la pièce, on est obligé de faire en bois un moule, dans lequel on forme ce noyau, et que l'on nomme *boîte à noyau*, et de disposer sur le modèle des pièces en saillie qui aient exactement la même forme que le noyau, afin que le fondeur puisse placer convenablement les noyaux dans le moule formé pour couler la pièce.

DES DIFFÉRENTES ESPÈCES DE FONTES.

4. Les fontes sont de deux genres: fonte douce et fonte dure; le premier se divise en plusieurs espèces qui varient de qualité; ainsi la fonte est douce, lorsque l'on peut la percer, et qu'elle ne résiste pas à la lime; mais il y en a d'une qualité telle, que l'on peut la tarauder, la buriner et la limer avec autant et même plus de facilité que le fer. On fabrique maintenant des clefs, des entrées, des poignées de meuble, des roulettes, et une infinité d'autres ornemens en fonte très-douce, aussi flexible que le fer (*). On fabrique en Prusse les bijoux les plus délicats avec de la fonte de fer.

C'est par le fréquent emploi de cette matière que l'on est arrivé en Angleterre à un point de perfection remarquable dans l'exécution des ouvrages de mécanique, et l'application en a été faite avec le plus grand succès à des constructions architecturales très-importantes. Ainsi l'on voit à Londres des colonnades entières en fonte de fer d'une exécution parfaite et d'une inaltérabilité qui surpasse celle des pierres les plus dures.

DU FER.

5. Le fer, pour être de bonne qualité, doit être doux, flexible même à froid, tenant bien au feu, et facile à souder. On reconnaît ces différentes qualités, soit au travail, soit à l'examen de la cassure à froid. Le fer est nerveux, lorsqu'en coupant la barre en partie, au moyen de la tranche, et achevant de la rompre par la pression, la cassure présente une couleur grise claire, et que les fils semblent s'arracher, pour ainsi dire, comme le ferait un écheveau de soie. Cependant il arrive que les fers qui présentent cet aspect sont difficiles à travailler, soit à la forge, soit à la lime, soit au tour; ainsi le fer rond anglais, et même ceux de France façonnés à la *façon anglaise*, sont très-doux à froid, offrent une cassure nerveuse, mais sont difficiles à forger, à limer, et surtout presqu'impossibles à tourner: le filet se rompt dans le taraudage souvent tout du même côté. Cela tient

---

(*) Ces objets se trouvent chez M. Dumas, Faubourg St.-Antoine, à Paris.

à ce que ce fer n'a pas été suffisamment affiné, et qu'il renferme des veines cendreuses ou pailleuses, que l'on soude difficilement : il est alors cassant à chaud. Jamais l'ouvrage fait avec ces sortes de fer ne prend un beau poli : la surface est striée et veinée; de cette nature sont les *fers de roche*. Les fers demi-roche sont moins nerveux, mais plus faciles à travailler. Les *fers de Berry* sont ceux qui réunissent le plus de qualités pour le travail; les *fers de Champagne*, de *Bourgogne*, sont bons : ceux de *Normandie* sont moins doux; enfin les meilleurs fers sont ceux d'*Espagne* et de *Suède* : cette dernière espèce est fort rare en France : la presque totalité est enlevée par le commerce de l'Angleterre pour la fabrication de l'acier fondu; cependant c'est le fer qui se prête le mieux au travail à froid, soit pour la ciselure, soit pour les ornemens en tôle relevés ou travaillés au marteau, mais il doit être ménagé dans le travail de la forge.

6. Il se trouve des fers aigres dont la cassure s'opère dès les premiers coups de marteau, et sans flexion, et à la manière des corps fragiles : la cassure présente de grosses paillettes brillantes, assez semblables à une cristallisation saline. Ces fers sont difficiles à travailler et de mauvaise qualité : il ne faut les employer que pour les choses les plus communes, et toutes les fois que l'effort ne peut tendre à les faire rompre par un porte à faux. D'autres fers présentent une cassure à peu près semblable, mais beaucoup plus fine : ils sont préférables, et sont moins fragiles que les précédens; cependant ils sont moins convenables que les fers doux. Enfin on trouve des fers qui participent de la nature de l'acier, et qui sont susceptibles de se tremper : on les travaille difficilement, et il s'y rencontre souvent des grains d'une dureté telle, que le foret et la lime ont beaucoup de peine à y mordre.

LE TRAVAIL PEUT AUGMENTER OU DIMINUER LA QUALITÉ DU FER.

7. Le travail que l'on fait subir au fer peut en augmenter la qualité ou le détériorer. Un degré de chaleur trop élevé le corrompt; des coups de marteau trop forts, appliqués au moment où le fer est presque à l'état de fusion, le font ouvrir tout autour de la pièce, et les gerces qu'il éprouve sont ensuite fort difficiles à fermer dans le travail. Au contraire, de petits coups précipités resserrent la matière, et dégagent les corps étrangers que l'affinage n'avait pas fait sortir. Nous reprendrons cet objet, en parlant du travail du fer.

DE L'ACIER.

8. L'acier est une matière composée du fer, auquel on a uni le carbone.

La propriété que le fer acquiert par cette combinaison est celle de se durcir lorsqu'étant à l'état de chaleur

rouge, on le refroidit subitement : on nomme cet effet la trempe.

Il y a un assez grand nombre d'aciers, que l'on distingue soit par la marque de la fabrique d'où on les tire, soit par leur nature.

Le meilleur de tous les aciers est celui que l'on nomme *acier fondu* : on le tire pour la plus grande partie d'Angleterre, où il se fabrique avec les fers de Suède, par un procédé dont les Anglais font un secret; on en fait aussi en France dans la fabrique de M. Jacson, anglais qui en a importé le procédé. Il faut convenir que les aciers fondus provenant de sa fabrique, bien que de bonne qualité, ne sont pas encore aussi fins, surtout d'une pâte aussi égale et aussi homogène que ceux de Huntzmann ou Marchall, en Angleterre, ce qui vient sans doute de la qualité supérieure du fer de Suède employé à le fabriquer. Il se travaille très-bien à la forge, à la lime et au tour, mais sa qualité s'altère sur-le-champ s'il est chauffé au-delà du rouge cerise. Il présente l'inconvénient de ne pouvoir se souder avec lui-même et avec le fer : nous indiquerons cependant à l'article relatif au travail, comment on parvient à le souder.

Les *aciers d'Allemagne* sont de différentes sortes : on les distingue par la marque qu'ils portent : les uns sont marqués d'une épée, d'autres de sept étoiles formant une couronne, d'autres de deux marteaux; on les désigne par leur marque : l'acier à l'épée est la moindre qualité des trois; il est bon pour des tranchans grossiers ou des outils qui ne doivent offrir que peu de résistance; le sept étoiles est meilleur, mais le plus fin est le double marteaux : il peut être employé pour les tranchans qui doivent offrir de la résistance, tels que ceux destinés à couper les feuilles de tôle et de cuivre; il est aussi très-bon pour faire les coussinets de filière, les tarauds, les forets, et enfin tous les outils à travailler le fer.

Ces trois espèces d'acier ont la propriété de se souder très-bien, avec elles-mêmes et avec le fer, il faut cependant les ménager à la chauffe. (Voyez à l'art. *travail*.)

On trouve aussi dans le commerce des aciers de fabrique française, qui sont d'assez bonne qualité : l'*acier Poncelet* prend une trempe très-dure; c'est un acier fondu qui jouit des qualités de l'acier fondu anglais, mais il a moins de corps; cependant il est de bonne qualité. L'acier de la Bérardière est très-bon pour les gros outils; il approche de la qualité de l'acier d'Allemagne, se soude bien, est assez homogène, et peut être employé avec avantage pour les outils ordinaires. L'acier de Cémentation est de moindre qualité, mais cependant peut être encore d'un usage assez avantageux pour les travaux ordinaires; enfin l'*acier Poule* est une sorte d'acier de Cémentation très-commune, qui se soude assez bien, et dont on fait usage pour les coutres, les socs de charrues et autres gros outils d'agriculture.

DES OUTILS.

DE LA FORGE.

9. La forge est le premier et le plus important de tous les outils.

Les figures 1 et 2 représentent une forge à deux feux, l'un plus petit que l'autre.

La force des feux dépend de la grandeur du soufflet; ordinairement le petit soufflet a 30 pouces de largeur et le grand 42 à 45 pouces. Avec le premier, on peut forger toutes les pièces jusqu'à 2 pouces carrés; avec le second, on peut forger jusqu'à 5 pouces et même 6 pouces carrés. Il est convenable, lorsqu'on a de fortes pièces à forger, de pouvoir réunir les deux soufflets au même feu, ce qui se fait au moyen d'un second tuyau que l'on adapte de manière à faire communiquer le petit soufflet à la tuyère de la grande forge.

Les parties qui constituent une forge sont : 1°. la paillasse ; 2°. les contre-cœurs ; 3°. la hotte ; 4°. les tuyères ; 5°. les soufflets ; 6°. les armatures des soufflets ; 7°. les enclumes ; 8°. les marteaux ; 9°. les tenailles ; 10°. les tranches, les chasses ; 11°. les étampes et les mandrins ; 12°. les calibres, les compas, les équerres et les règles ; 13°. l'étau à chaud. Nous allons examiner successivement ces différens objets.

1°. On forme la paillasse d'une ceinture (a) en fer d'un pouce carré, dont les deux bouts sont scellés dans le mur du fond de la forge. Elle est portée par deux pieds (bb). On place deux barres (cc) supportées par la ceinture et scellées dans le mur ; on forme ensuite un grillage avec du petit fer ou fenton ; et pour consolider la construction en plâtre, on tapisse le fond avec de vieux grillages ; enfin on enduit de plâtre, de manière à former une sorte d'auge creuse, dans laquelle on réserve au milieu et au fond un trou par lequel on jette les scories de forge.

2°. On fait ensuite deux châssis en fer (dd) avec deux bandelettes de fer, unies par des traverses, pour retenir la construction du contre-cœur ; ils doivent s'élever de 15 pouces environ au-dessus du niveau de la ceinture de la paillasse : leur largeur est de 15 pouces. Les bouts inférieurs des châssis sont scellés dans un massif de maçonnerie, qui repose sur la paillasse. Les meilleurs matériaux pour construire les contre-cœurs sont les tuiles ou la brique très-réfractaire.

3°. La hotte est de même dimension que la paillasse ; sa forme est donnée par la figure, mais elle peut varier suivant le local où l'on construit la forge ; quant à la cheminée, elle doit offrir un canal de un pied et demi carré de surface. La hotte est ordinairement formée d'un ourdi de plâtre, soutenu par un gril de fenton scellé dans le mur et fixé au chambranle ou manteau de fer qui soutient la construction ; le tout est soutenu par deux tirans (ee), que l'on fixe au plafond de l'atelier ; on peut aussi, pour consolider le plâtre, mettre sur le gril de fer du vieux grillage de fil de fer comme dans la paillasse : ce moyen est excellent pour soutenir les constructions légères en plâtre.

TUYÈRES.

4°. Les tuyères sont des masses de fonte ou de fer que l'on place dans le milieu et à la partie inférieure du contre-cœur ; elles sont percées d'un trou par lequel passe le vent du soufflet qui y est amené par des tuyaux qui le conduisent jusqu'à l'entonnoir de la tuyère ; ces tuyaux doivent être assez gros pour ne pas offrir trop de résistance au passage du vent : le diamètre, pour le petit soufflet, est de 3° et pour le grand de 4°, du moins pour la partie qui tient à la têtière du soufflet, car ces tuyaux vont en diminuant jusqu'à la tuyère, où ils se réduisent à 10 lignes pour le petit soufflet et à 13 pour le gros.

Les meilleurs tuyères sont celles en fer ; on les forme

d'une grosse masse carrée de fer, dans laquelle on perce un trou, et l'on y soude un entonnoir ou cornet de fer battu.

On peut encore disposer les tuyères comme dans les fourneaux à fondre le fer, c'est-à-dire, placer le tuyau qui amène le vent près du trou de la tuyère, sans le luter.

SOUFFLETS.

5°. Les soufflets varient de formes et dispositions : dans tous les cas, ils doivent être à double vent, c'est-à-dire composés de deux cases (ff) séparées par une cloison fixe, garnie d'une soupape qui s'ouvre dans la seconde case et empêche le retour de l'air. Les deux battans (g, h) sont fixés à la têtière (i) par de fortes charnières.

6°. Le battant inférieur (g) est mis en mouvement par une combinaison de leviers qui composent l'armature du soufflet. Le premier (k), fixé au point (l), est attaché au battant (g) par une chaîne ou tringle (m), et porte à son extrémité une autre chaîne (n) qui tient au bout du levier (o), dont le point d'appui (p) est suspendu et mobile ; l'autre bout porte une chaîne (q) à laquelle on a fixé une poignée servant à appliquer les mains, pour donner le mouvement au soufflet, Ce dernier levier (o) se nomme *branloire*. Le rapport entre le mouvement de la branloire et celui du battant détermine l'effort du soufflet, d'après celui que l'on emploie pour le mettre en mouvement. Dans un petit soufflet de 30 pouces, la course peut être de 8 pouces, et le tirage de la branloire de 4 pieds, ce qui donne 1/6. Il en est de même pour un grand, dont la course doit être de 11 pouces et le tirage de 5 à 6 pieds. D'après ce rapport, le premier levier (k) est coupé au milieu de sa longueur par l'attache de la chaîne (m) du battant, et la branloire (o) est divisée au quart par le point d'appui (p), ce qui donne 1/6 pour le rapport du mouvement du soufflet à celui de la branloire.

Le battant mobile supérieur du double vent doit être chargé de 12 à 15 livres, pour le petit soufflet, et de 25 à 30 pour le gros, outre le poids du battant.

ENCLUMES.

7°. L'enclume varie de forme, suivant les ouvrages que l'on forge habituellement ; cependant la forme la plus convenable est celle que représente la fig. 3. Une enclume de cette dimension pèse de 450 à 500 liv., et peut servir à forger toutes sortes de pièces ; outre les bigornes de l'enclume, il est encore convenable d'avoir une petite enclume fine, que l'on nomme bigorne, fig. 11, pl. 2, et aussi de petites enclumes d'établi carrées, auxquelles on a donné le nom de tas. L'une des principales qualités d'une enclume est la dureté ; le son doit en être clair et argentin, lorsque toutes les parties sont bien soudées et qu'elle ne forme qu'une masse sans gerces ni cassures.

MARTEAUX.

8°. Les marteaux à main pèsent ordinairement de 4 à 5 livres ; ceux à frapper devant doivent peser de 16 à 18 livres au plus ; ceux de 16 livres se manient plus facilement, et le frappeur est plus maître de son coup ;

mais ceux de 18 livres sont avantageux pour étirer plus vivement : on peut en avoir de trois grandeurs, de 14 à 16 et de 16 à 18 ; une enclume doit avoir cinq marteaux à frapper devant.

Les marteaux, pour être bien faits, doivent être en équilibre autour du manche, c'est-à-dire, que le manche doit passer par le centre de gravité : le principe ordinaire de leur construction est que la distance de la table, de la tête au point (r) de l'œil soit égale à celle de ce même point à la pane ; il faut en outre que si l'on place le marteau sur une règle, de manière à ce que l'œil soit coupé en deux par le champ de la règle, il reste en équilibre, et ne tombe ni du côté de la tête, ni du côté de la pane ; il faut en outre que la pane soit disposée de manière à ce que, en tirant une ligne parallèle à la longueur du marteau et passant par le milieu de la pane (s), cette ligne passe aussi par le centre de gravité (t) du marteau. Lorsque ces dispositions ne sont pas observées, le coup est moins sûr, et il tourne dans la main de l'ouvrier qui frappe ou se démanche : cette construction doit être observée pour tous les marteaux.

Parmi les marteaux à devant, il y en a de deux formes, les uns comme la fig. 4, les autres comme la fig. 5 ; ceux-ci se nomment traverses. Il faut aussi à une forge un marteau à tête ronde (fig. 10) ; il sert à frapper dans les parties creuses.

TENAILLES.

9°. Les tenailles varient de grandeur et de forme, selon les pièces qu'elles sont destinées à saisir ; nous avons représenté dans les figures (41, 42, 43, 44, 45 et 46, planche 2) celles qui servent le plus habituellement ; mais il arrive souvent que des pièces exigent, pour être convenablement saisies, des dispositions particulières de tenailles. (*Voyez l'explication des figures*).

DES CHASSES.

10°. Les chasses sont des outils de différentes formes, emmanchés dans de longs manches, à la manière des marteaux ; ils ne servent pas à frapper sur l'ouvrage, mais ils lui donnent la forme que l'on désire, en les plaçant convenablement sur la pièce, et faisant frapper dessus avec les marteaux à devant ; parmi ces outils, les uns sont ronds, d'autres plats, d'autres inclinés. (Voyez les fig. 11, 12, 13, 14, 15, 16 et l'explication.)

11°. Les étampes sont en quelque sorte des moules que l'on fixe sur l'enclume, au moyen d'une queue qui entre dans le trou carré (u), fig. 3, et sur lesquelles on place l'ouvrage pour l'arrondir ou lui donner une forme qui dépend de celle de l'étampe (fig. 25) ; une pièce emmanchée comme une chasse, et que l'on nomme *dessus* (fig. 17), est placée sur l'ouvrage, et en frappant, le fer chaud s'imprime dans les deux parties dont il prend la forme ; elles varient suivant le besoin ; celles qui sont le plus habituellement employées sont les étampes rondes ; il en faut de différens diamètres. (Voyez les fig. 17 et 25).

Dans les coups que l'on donne, il arrive quelquefois que la queue (v) (fig. 25) se rompt près du corps de l'étampe ; pour éviter cet inconvénient, il faut rapporter les queues dans un trou carré, en élargissant le bout qui y entre, et ensuite, au moyen de quelques coups d'un ciseau nommé langue de carpe, on rapproche les bords du trou, ce qui fixe la queue d'une manière que l'on nomme *à prisonnier*.

12°. Les clouyères (fig 32) sont des étampes que l'on place dans l'étau à chaud, et sur lesquelles on aplatit les têtes des boulons ; elles sont percées d'un trou plus ou moins gros ; il faut en avoir de plusieurs dimensions ; elles sont garnies d'une semelle d'acier.

Les fig. 33, 34, 35, 36 et 37, de la planche première, représentent les étampes, les chasses, et les tranches. Ces outils doivent être garnis d'acier sur toute la partie qui travaille.

13°. Il faut souvent, pour façonner le fer, le serrer dans un étau qui le tienne fortement ; cet outil, que l'on nomme étau à chaud, est une pièce très-importante de la forge ; il doit être très-fort, court, et s'ouvrant au moins de 6 à 8°. pour saisir toutes les pièces, de quelque dimension qu'elles soient. Nous l'avons représenté (fig. 1 et 2, pl. 2) fixé à un poteau (A) fortement scellé en terre, de manière que l'on puisse tourner autour soit pour frapper, soit pour tarauder de gros écrous : leur poids est de 300 à 500 livres.

Les autres étaux, destinés à l'ajustement et au travail du burin, représentés fig. 34, sont ordinairement du poids de 60 à 80 liv. ; cela suffit pour le travail ; les vis doivent être fortes, d'un beau filet carré et marchant bien dans leur écrou.

On fixe quelquefois les étaux à l'établi, au moyen d'une bride tournante qui leur permet de pivoter et prendre la position la plus commode pour le travail. Cette disposition est fort agréable pour le cas où l'ouvrier a de longues pièces à travailler ; il oblique son étau, et la pièce passe devant ou derrière les étaux voisins.

Nous ferons remarquer, dans l'étau représenté (fig. 3 et 4), une disposition qui ne se trouve pas ordinairement dans les étaux du commerce, mais que l'on peut ajouter facilement ; elle consiste à faire porter l'embase de la boîte (B), ainsi que la rondelle (C) de serrage, sur une espèce de couteau de balance (D), qui repose dans une entaille ou gouttière faite aux deux côtés de l'œil de l'une et l'autre mâchoire. Cette pièce (D), qui doit être en acier, est une portion de cylindre qui permet à la boîte (E) et à la rondelle (C) de prendre la position qui convient à l'ouverture de l'étau, tandis que ces deux pièces sont en porte-à-faux dans les étaux ordinaires, ce qui fait souvent casser les vis ou fausser les boîtes.

Les règles et équerres (fig. 38 et 39), ainsi que les réglets (fig. 40), sont utiles au travail de la forge ; l'équerre pour vérifier les angles droits, la règle pour reconnaître la direction d'une pièce, et les réglets pour dégauchir deux parties qui doivent se trouver dans un même plan.

Les calibres (fig. 41) sont formés de feuilles d'acier d'une ligne et demie à deux lignes d'épaisseur, dans laquelle on a formé des entailles dont les largeurs sont graduées de lignes en lignes et même de demi-lignes en demi-lignes. Le calibre (fig. 42) est formé d'une petite tringle (x) sur laquelle coule une ou deux pièces (y), que l'on fixe au point convenable au moyen des vis (z).

Le compas (fig. 43) à pointes droites et le compas d'épaisseur (fig. 44) sont de la plus grande utilité.

Enfin les fig. 33, 34, 35, 36, 37 offrent les différens outils nécessaires pour arranger le feu; le crochet (fig. 33), le tisonnier (fig. 34), le débouchoir (fig. 35) pour débarrasser l'ouverture de la tuyère lorsqu'elle se charge de mâchefer, le goupillon (fig. 36) et la pelle de fer pour le charbon (fig. 37).

La fig. 47 est une barre coudée d'équerre et dont la branche verticale est ronde; elle passe dans deux pitons scellés dans le mur et sur lesquels elle tourne; son usage est de supporter les pièces de forge lorsqu'elles sont au feu : on la nomme servante.

MACHINES A PERCER LES TROUS.

10. Les machines à percer sont d'une grande importance; on doit en avoir plusieurs dans l'atelier, afin que les ouvriers n'attendent pas, pour percer un trou, que la machine soit libre, et aussi pour prendre celle qui convient au trou que l'on veut percer.

MACHINE FIXE A POTENCE.

La première (fig. 59 et 60) est fixée au mur de l'atelier et placée au-dessus d'un étau, dans lequel on place les pièces; elle se compose d'une potence renversée, dont la branche verticale (F) pivote dans des colets (G) scellés dans le mur ou vissés dans un poteau montant (H) qui tient au bâtiment; la branche horizontale porte une boîte (I) servant de coulisse à une barre mobile (K) à son extrémité; cette barre peut s'avancer ou se reculer, et une vis (L) de pression sert à la fixer à la position convenable; la barre horizontale (I) de la potence, tourne sur un demi-cercle (M) fixé à charnière contre le mur, et dont le centre est le même que celui des pivots. Ce demi-cercle est fendu et reçoit une vis de pression (N) taraudée dans la barre horizontale (I) : c'est au moyen de cette vis que la barre horizontale de la potence est fixée dans la position convenable; ainsi, par ces deux mouvemens, la vis (O) peut être placée à tel point de la pièce que l'on désire.

MACHINE A PERCER A L'ÉTAU.

La machine à percer à l'étau (fig. 61 et 62) est très-simple; elle se compose d'un arc carré, en fer (P), fixé par ses deux montans sur une traverse en bois (Q), au moyen de deux clavettes (R); le milieu supérieur de l'arc porte un écrou recevant la vis qui opère la pression.

MACHINE A PERCER EN PLACE.

On a souvent besoin de percer en place des pièces qu'il n'est pas possible de transporter sous les machines à percer ordinaires; pour cela, on fait usage de la machine (fig. 63 et 64) qui se compose d'un châssis à trois côtés (S); la barre inférieure (T) est formée en fourchette, et la barre supérieure est terminée par un écrou qui reçoit la vis de pression; une troisième barre (U) mobile, de forme semblable à la branche inférieure (T) de la machine est terminée en (V) par une petite fourchette, dont les deux branches reçoivent la barre verticale (X) de la machine; elle est unie à la branche inférieure

par une vis (Y) reçue par l'écrou (a), au moyen de laquelle on serre la pièce que l'on veut percer entre les fourchettes (U U), et pour déterminer la barre (Z) à rester parallèle à la branche inférieure (T), on place, au point convenable, sur la branche verticale (X) qui est percée de trous, une cheville (b) qui retient l'autre extrémité de la barre, afin qu'elle puisse bien pincer la pièce sur laquelle on fixe la machine. Le centre du cercle, qui forme le fond de la fourchette, doit être parfaitement dans l'axe de la vis de pression et les fourchettes elles-mêmes doivent présenter une place parfaitement perpendiculaire à cet axe, afin de percer les trous perpendiculaires à la surface de la pièce.

On a varié d'un grand nombre de manières les machines à percer, afin de les approprier à l'usage que l'on en voulait faire. Cependant celles-ci sont les plus généralement employées, et suffisent au plus grand nombre de cas; mais lorsque l'on est obligé de percer des trous dans des pièces qui ne peuvent être placées sur aucune de ces machines, il faut avoir recours à des bascules ou percer sur le tour; enfin il faut, suivant le besoin, imaginer des moyens plus ou moins simples pour arriver à son but : c'est à l'intelligence de l'ouvrier à suppléer à l'insuffisance des outils.

DU FUT.

On nomme fût l'outil dans lequel on fixe les forets. Sa forme, représentée fig. 65, est celle d'un trapèze, dont on aurait supprimé le plus grand côté. Il porte au point (c) une crapaudine, dans laquelle on place la pointe de la vis de pression; la partie (d) est ronde, et enveloppée par un fourreau de tôle ou de cuivre, auquel on applique la main pour faire tourner le fût. Ce fourreau doit tourner facilement sur la partie qu'il enveloppe; enfin l'extrémité (e) est percée d'un trou carré, qui reçoit les forets ou mèches, au moyen desquels on opère le forage. Les fûts doivent être de différentes grandeurs, selon la force des trous qu'il faut percer : on doit en avoir trois ou quatre au moins.

DES MÈCHES ET DES FORETS.

On nomme forets en général, les outils servant à percer les trous : ils doivent avoir diverses formes, selon les matières ou la force des trous. Celui qui est représenté (fig. 66) se nomme foret à langue d'aspic; il convient mieux pour percer le cuivre que pour le fer, et il est sujet à former des trous triangulaires. Le foret à langue de carpe diffère du précédent par la forme de sa partie tranchante, qui est arrondie : il convient parfaitement pour percer le fer. Ces deux genres de forets sont employés pour les trous d'un petit diamètre, c'est-à-dire jusqu'à 4 lignes environ. Pour ceux d'une plus grande dimension, on fait usage de mèches à mouche. (Voyez figure 67.) Ce foret est formé de deux parties plates, taillées en biseau, et au centre on ménage une petite pointe, que l'on place dans le coup de pointeau qui détermine le centre du trou que l'on veut percer. Le foret représenté fig. 68, se nomme mèche à teton : elle est formée d'un petit cylindre et de deux parties plates affûtées en biseau. Pour faire usage de ces sortes de mèches, il faut d'abord, avec un petit foret, percer un trou de la grosseur du teton de la mèche : ce trou sert de guide à la mèche Le genre de foret à teton (fig. 69) est employé pour les trous d'un diamètre de plus d'un pouce ; alors, au lieu du fût de virebrequin, on emploie le *tourne-à-gauche* (fig. 82). On nomme ainsi une barre au milieu de laquelle sont percés des trous carrés-longs, dans lesquels on fait entrer le bout supérieur de la mèche, qui est carré mé-plat ; on peut alors appliquer les deux mains, et développer par ce moyen une action plus énergique sur le foret. Enfin pour les trous de grand diamètre, tels que ceux de 2 à 4 pouces, on fait usage d'une mèche à teton, très-forte (fig. 70), dans laquelle on place des lames de différentes largeurs. Le centre de cette mèche ou plutôt de cette monture est formé par un petit cylindre (f), au-dessus duquel on pratique une entaille par où l'on introduit la lame (g) ; cette dernière pièce est elle-même entaillée au milieu, de manière à recevoir une partie du teton ; enfin elle est fixée par un coin (h) placé au-dessus et s'appuyant contre la paroi supérieure de l'entaille de la monture. Pour faire usage de cette espèce de foret, on commence par percer un trou avec une autre mèche, et du diamètre du teton, après quoi on place la mèche à lames rapportées, que l'on fait marcher à l'aide du tourne-à-gauche.

On se sert, pour placer convenablement les pièces sur les machines à percer, d'une espèce d'équerre ou T (fig. 71), dont la base (i) porte à son milieu une petite encoche qui marque le pied d'une perpendiculaire élevée sur cette base, et qui passe par la pointe (k). On fait varier la pièce dans laquelle on veut percer un trou, jusqu'à ce que, en posant le T sur la surface dans deux directions à peu près perpendiculaires, et faisant correspondre le milieu de la base au coup de pointeau qui marque le centre du trou, la pointe (k) du T réponde à la pointe de la vis de pression ; par ce moyen on s'assure de la direction du foret, et on perce perpendiculairement à la surface.

DES BURINS, MANDRINS, LIMES.

11. On nomme burins les ciseaux plats qui servent à tailler le fer à froid ; ils sont de diverses formes : les plus usités sont ceux fig. 72 et 73. Celui qui est représenté fig. 73, se nomme bec-d'âne ; l'autre est plus ordinairement désigné par le nom de burin. Il y a aussi des burins arrondis par le bout, que l'on nomme langue de carpe. Les burins peuvent être à double biseau ou à un seul biseau : on les varie, suivant l'usage que l'on veut en faire ; le meilleur acier pour ces outils est l'acier fondu.

Les mandrins sont des outils destinés à donner aux trous la forme que l'on désire, et pour cela il faut les préparer suivant l'ouverture que l'on veut faire.

La lime est le plus important de tous les outils et le plus difficile à bien manier. Sa forme et sa grandeur, ainsi que la force de sa taille, varient suivant les usages auxquels on l'applique. Le carreau est une lime carrée, à très-grosse taille, servant à dégrossir les pièces ; vient ensuite la lime dite d'Allemagne : elle se vend enveloppée de paille et par paquets de une, deux ou trois. Il y en a de carrées, de rondes et de triangulaires. Viennent ensuite les limes bâtardes, qui varient également de forme, et dont la taille est moins forte que celle des limes en paille ; puis après viennent les demi-douces, et enfin les limes douces : on leur donne toutes les formes ; mais les formes les plus usitées sont la lime plate, la demi-ronde, le tiers-point ou lime triangulaire, la lime carrée et la lime ronde ou queue de rat. On peut exécuter toutes les pièces possibles avec ces cinq espèces de limes.

DES FILIÈRES.

12. La vis étant le moyen d'assembler et de fixer les pièces des ouvrages en fer, est un objet de la plus haute importance, aussi doit-on porter une grande attention à ce que les outils destinés à les former, ainsi qu'à faire les écrous, soient aussi parfaits que possible.

La vis la plus usitée est celle à filets triangulaires ; elle doit présenter un angle vif, tant sur le sommet du pas qu'au fond, et la profondeur du pas doit être au moins égale à sa hauteur ; il est même convenable qu'elle soit plus grande. Les fig. 74 et 75 représentent la coupe d'une vis, suivant son axe ; celle fig. 75 est plus belle, mais se détruit ou du moins s'altère plus facilement que celle fig. 74. On donne aussi aux pas la forme fig. 76, et l'on prétend que le pas ainsi arrondi se conserve mieux ; cependant il est moins agréable à l'œil que le pas triangulaire. Le pas carré exigeant, pour être formé, des machines à tailler les vis, nous n'en parlerons point ; quant aux vis à plusieurs filets, on n'en fait point usage en serrurerie.

Les outils au moyen desquels on fait les vis se nomment filières : les fig. 77 et 78 représentent une filière à coussinets : elle se compose d'un châssis (l) percé au milieu d'un trou ou entaille de la forme d'un trapèze, et formant une sorte de coulisse, dans laquelle on place les coussinets, dont la forme extérieure est la même que celle de la coulisse ; ils sont recouverts par deux plaques (m) montées et pressées par une vis (n) dont l'écrou est taraudé dans le châssis : ces deux plaques servent à retenir les coussinets dans la coulisse (o) ; cette dernière est terminée par deux écrous, dans lesquels sont placées deux vis (p) servant à rapprocher les coussinets ; enfin le châssis porte deux manches (q) à l'aide desquels on fait tourner la filière, pour former la vis. Cette forme de filière est la meilleure que l'on connaisse, et celle dont les coussinets sont plus faciles à ajuster. Il faut en avoir de différentes grandeurs, pour les différentes forces de vis.

Il y en a d'autres, que l'on nomme filières simples : ce sont des plaques d'acier (fig. 79), dans lesquelles on a formé des écrous qui produisent la vis. On dispose ordinairement plusieurs trous du même filet, et dont le diamètre va en diminuant. Le premier prépare le filet, et les autres l'achèvent. Lorsque les vis sont très-petites, elles peuvent être quelquefois filetées dans un seul trou, et du premier coup. Au reste, ces sortes de filières ne conviennent qu'aux vis de petit diamètre. Il est bon, pour préparer les vis et leur donner la grosseur convenable, de former une série de trous lisses, qui donnent les calibres exacts de la grosseur que l'on peut filiter dans les différens trous d'une filière simple ; on évite par cette précaution de forcer les trous de la filière, et de les boucher avec des vis cassées.

DES TARAUDS ET DES MÈRES.

On nomme tarauds (fig. 80) des vis en acier qui servent à former le filet des écrous; ils doivent être filetés avec soin par des coussinets neufs, ensuite on enlève quatre faces à la lime, jusqu'à ce que l'on ait atteint le fond du filet : en cet état, on trempe le taraud (Voyez *Trempe*).

On nomme taraud mère, ou simplement mère (fig. 81), une vis en acier faite avec le plus grand soin, et qui ne sert qu'à former les coussinets des filières. Il faut en avoir une série de différentes grosseurs et de différens pas : rien ne doit être négligé pour la perfection de ces sortes de vis mères (fig. 81). Le filet n'est point coupé comme dans les tarauds ordinaires, mais on forme seulement avec une queue de rat trois cannelures en hélice très-alongée, qui coupe le filet tranche de calibre pour les tourner : l'angle du cône doit être très-petit.

La tête des tarauds doit être ajustée pour les trous du tourne-à-gauche (fig. 82). La longueur de ces outils doit être proportionnée à la force des tarauds, et pour que les trous se conservent, il faut les garnir de chaque côté d'une semelle d'acier soudée avec le fer.

Il nous reste à parler de quelques outils accessoires.

DIVERS OUTILS D'ÉTABLI.

13. La fraise (fig. 83) est une sorte de mèche que l'on monte dans le fût du virebrequin, et qui varie de forme : les plus ordinaires sont coniques; on les taille au moyen du tiers-point (lime triangulaire) : elles servent à faire les ouvertures des trous dans lesquels on place les vis à bois dont la tête est perdue et affleure la pièce. C'est au moyen de ces vis que l'on fixe les équerres, pentures, couplets, et autres ferrures sur les portes, fenêtres et volets.

Les figures 84, 85 et 86 représentent des alezoirs ou équarrissoirs. Ces outils servent à agrandir les trous, et les amener au diamètre précis que l'on veut obtenir; ils sont de forme conique, et présentent une ou plusieurs arrêtes ou angles dans leur longueur. Le premier (fig. 84),

est le meilleur : il est formé d'un cône très-alongé, sur lequel on a levé deux faces planes, dont la rencontre forme un angle droit, et qui se terminent aux extrémités d'un même diamètre. Le second (fig. 85) présente une pyramide exagonale ; on les fait aussi à cinq faces, et même à quatre, comme dans la fig. 86.

La petite bigorne (fig. 87) est utile pour l'établi : on la monte sur un bloc de bois.

L'équerre (fig. 88) se nomme équerre à chapeau, à cause de la petite barre placée sur la face extérieure du plus petit côté.

Les fig. 89, 90 et 91 représentent un moule, dans lequel on coule, en plomb, des pièces que l'on nomme mordaches, qui s'ajustent sur les mâchoires des étaux, et servent à pincer les pièces limées, que les tailles de l'étau pourraient gâter. On adapte aux deux queues (r) des manches en bois (s), à l'aide desquels on saisit les deux côtés du moule. La forme qu'on lui a donnée permet aux deux parties de se mouvoir dans le sens de la longueur, de manière que l'on peut faire des mordaches pour les différentes largeurs de mâchoires d'étau.

La figure 92 représente la coupe d'une boîte à foret pour les petits trous : la bobine est mise en mouvement par un archet (fig. 93); le manche de l'archet est muni d'un petit rochet, à l'aide duquel on tend la corde; les cordes en boyau sont les meilleures; cependant on peut faire usage de cordes de chanvre nommées fouet, pourvu qu'on ait soin de les mouiller.

La scie (fig. 94) est un outil fort commode pour rogner les bouts des pièces et faire les entailles : la lame est rarement d'une bonne qualité; celles que l'on trouve dans le commerce sont ou trop dures ou trop tendres. Dans le premier cas, il faut sacrifier une lime tiers-point pour les afuter; dans le second, elles s'usent trop promptement : le mieux est de prendre des ressorts épais, dont le recuit est assez convenable, et de les tailler soi-même.

Les fig. 51, 52, 53, 54, 55 et 56 sont un supplément à la planche première : elles offrent les principales tenailles de forge. (*Voyez l'explication des figures.*)

La fig. 95 représente un petit plomb formé d'un cône renversé; le fil passe par le centre de la tête; il sert à marquer le point où répond verticalement un autre point d'une pièce placée au-dessus.

La fig. 48 représente une pince à l'aide de laquelle on saisit les pièces de forge et de tôle pour les ployer : cette pince se place dans l'étau à chaud.

La fig. 96 représente un étau à main ou pince à vis.

La fig. 97 offre les deux vues d'une tenaille que l'on place dans l'étau, et qui sert à pincer les pièces sur lesquelles il faut limer une partie oblique : on les nomme tenailles à champfrein.

Fig. 98, marteau d'établi pour buriner.

Fig. 99, petit rivoir d'établi.

DU TOUR.

14. Le tour est un des outils les plus importans dans l'exécution des travaux. La perfection des pièces exécutées par son moyen, la célérité avec laquelle on les finit,

doivent porter les recherches à réduire, autant que possible, les pièces qui ne peuvent être formées sur le tour.

Le tour représenté fig. 100 à 109, est assez fort

pour les travaux les plus ordinaires, et l'on peut y tourner des pièces du poids de mille kilog".

Les poupées (on nomme ainsi les grosses pièces qui portent les pointes, et qui se meuvent sur le banc (A)) sont en fonte de fer; l'une (B) porte l'arbre, et forme ce que l'on nomme le tour en l'air; l'autre (C) porte une pointe dont le corps présente une vis (D); l'écrou en est formé dans un des collets de la poupée (C), et à l'aide d'un manche ou manivelle (E), on la fait tourner dans son écrou, pour l'avancer ou l'éloigner, suivant la longueur des pièces que l'on veut monter sur ce tour; le second collet reçoit la partie lisse (F) de la pointe, et dirige sa marche; il sert à la fixer, pour qu'elle ne se desserre pas en travaillant; et pour cet effet, on comprime le coussinet supérieur, au moyen de la vis de pression (G). La barre de traverse (H) qui existe dans les deux poupées sert à unir les deux parties qui portent les collets; elles sont d'ailleurs assemblées par une croix (I) (fig. 103 et 104). Le milieu de cette croix porte une masse ronde, percée à son centre, pour laisser passer le boulon (K), au moyen duquel on fixe les poupées sur le banc : ce boulon passe entre les deux charpentes ou jumelles qui forment le banc, et traverse une pièce de fonte (L) qui lui permet d'exercer sa pression sur les deux jumelles, au moyen de l'écrou (M) placé au centre des poupées.

La poupée (fig. 100) qui forme le tour en l'air porte un arbre cylindrique (N) qui repose dans les collets; il porte une large embase (O) en avant de laquelle se trouve une partie cylindrique (P) filetée, et qui forme avec l'embase le nez du tour; l'autre extrémité de l'arbre reçoit un manchon en cuivre (Q), fileté extérieurement du même pas que le nez du tour. Auprès de cette pièce se trouve une petite gorge angulaire (R), pratiquée dans le corps de l'arbre, et recevant une clef en cuivre; enfin le bout de l'arbre est carré, et c'est en ce point que l'on fixe des poulies de différens diamètres, pour faire tourner l'arbre. La poupée est munie derrière d'un support (S) qui porte les deux clefs (T et U); la première, en bois, correspond au manchon (Q); la seconde, en cuivre, entre dans la gorge (R); le tout est recouvert par un chapeau (V) monté à charnière sur le support, et qui empêche la poussière de tomber sur les clefs.

Les pointes (XX) sont en acier fondu : elles sont rapportées l'une dans le nez (P) du tour, l'autre dans l'extrémité de la vis (F). Voyez pour la manière dont elles sont fixées, la coupe (fig. 101 et 103).

Les fig. 105 à 109 représentent le support : il est formé d'une semelle ou table en fonte (Y), dans laquelle on a pratiqué une coulisse (Z) (fig. 109) qui reçoit la tête carrée d'un écrou (a). Cette tête peut glisser dans toute la longueur de la coulisse, afin de fixer le support à la distance qui convient pour le diamètre de la pièce. Cet écrou (a) reçoit un boulon (b) à vis, terminé par une tête de compas (c) dont la branche (d) forme un manche à l'aide duquel on serre la vis lorsqu'on veut fixer le support. Sur l'extrémité antérieure de la table (X) est placée une chaise (e) fixée par un écrou (f) monté sur un boulon (g) dont la tête carrée est perdue dans un creux de même forme pratiqué dans l'épaisseur et

sous la table (Y) : un autre boulon (h), que l'on nomme le T, à cause de sa forme, passe à travers le dos de la chaise (e); il sert à fixer les pièces de bois sur lesquelles on appuie l'outil en travaillant. La pièce (i), semblable à celles (L) des boulons des poupées (excepté que dans celle-ci le trou par lequel passe le boulon est rond, tandis que dans celle-là il est carré), porte sous les jumelles du tour et reçoit l'action du boulon (b), dont l'embase porte sur sa surface; enfin la table (Y) est recouverte d'une plaque de tôle à coulisse (fig. 109), qui empêche les copeaux de tomber dans la coulisse et sur le boulon (b). L'écrou (a) est composé d'une partie cylindrique (k) taraudée intérieurement et recevant l'extrémité du boulon; par cette disposition, la vis est garantie de la poussière et de l'eau qui sert à mouiller les pièces de fer lorsqu'on les tourne.

La clef (fig. 110) sert à tourner les écrous des poupées et de la chaise du support; celle fig. 111 est employée à tourner les vis G et à visser les pointes XX.

Les figures 112 à 117 représentent un tour en fonte, de petite dimension.

Les deux figures 112 et 113 présentent les deux vues de la poupée qui porte le toc : on donne ce nom à un mécanisme composé d'une poulie (l) montée sur la partie cylindrique (m) d'un boulon (n) passant à travers la tête (o) de la poupée : un écrou (p) comprime l'embase (q) de cette pièce contre la face de la poupée, et la fixe solidement. La poulie est percée à son centre et garnie d'une douille en cuivre, dans laquelle entre le cylindre (m), de manière qu'elle porte contre l'embase (q); elle est retenue en avant par une rondelle (r), qui est elle-même fixée par la pointe (s) vissée dans la partie cylindrique (m). La poulie porte une fourchette (t) dont la queue entre dans une entaille pratiquée dans le corps de la poulie, et se termine par une vis dont l'écrou sert à le fixer au point voulu. Cette fourchette reçoit entre ses deux branches la queue d'une pièce que l'on nomme le cœur. (Voyez, pour les détails d'assemblages, les figures de la planche 4, dont les mêmes lettres désignent les mêmes choses.)

Les figures 114 et 115 offrent les deux vues de la poupée à pointe. La forme est à peu près la même que celle de la poupée du toc, seulement on a ajouté le support qui porte l'écrou de la vis de pression (u). La pointe (v) coule dans un trou pratiqué dans la tête de la poupée : elle est formée d'un cylindre en fer aplati, d'un quart de la circonférence. Sur la tête de la poupée on a placé une petite massetote (x), dans laquelle on a percé et taraudé un trou, qui reçoit la vis (y); cette vis presse sur une petite barre (z) que l'on nomme lardon, et dont la forme est la même que celle de la partie enlevée sur le cylindre de la pointe (v); ce lardon est retenu à sa place par deux talons qui entrent dans deux petites entailles pratiquées aux deux bouts du trou de la tête de la poupée, en sorte que la vis (y) presse sur ce lardon, et fixe le cylindre de la pointe (v) à la position convenable. L'une des extrémités du cylindre reçoit la pointe (a'), semblable à celle du toc, et l'autre reçoit le bout (b') de la vis (u). L'assemblage de cette vis avec le cylindre (v) se fait au moyen d'un trou pratiqué au centre du cylindre (voy. fig. 145, pl. 4) recevant l'extrémité cylindrique de la vis (u); cette partie présente une gorge, fig. 145, en b', dans laquelle on entre les deux moitiés d'un anneau qui en remplit la cavité; enfin, ces deux demi-anneaux sont fixés par des vis qui traversent le corps du cylindre, et dont l'écrou est formé dans chaque demi-anneau : par cette disposition la vis, soit qu'elle recule ou avance, tire ou pousse le cylindre qui porte la pointe (a').

Les deux poupées, fig. 14 et 15, sont fixées sur le banc, comme celles du tour, fig. 1 et 2, par des boulons et des écroux (c' et d').

Ce petit tour en fonte est extrêmement commode à l'usage et très-solide; on peut tourner des pièces de 4 à 500 livres.

Le support est exactement le même que celui du premier tour, seulement sa dimension est proportionnée à celle des poupées, ce qui le rend les sept dixièmes de celui des fig. 105 à 109.

Les fig. 116 et 117 représentent le tour en l'air à pas de vis; l'arbre (e') de ce tour repose sur deux colets aux points (f' et g'); il porte une poulie à deux gorges, montée sur son extrémité postérieure; la partie (h') présente plusieurs pas de vis triangulaires de différentes hauteurs, servant à former des vis sur le tour; la partie (i') offre une bobine sur laquelle on place la corde d'une perche, que l'on fait mouvoir au moyen d'une pédale; chaque pas de vis est muni d'une clef en bois tendre, que l'on serre sur le pas de vis, pour donner le mouvement à l'arbre; il est retenu par une clef en cuivre (K'), entrant dans une gorge triangulaire; enfin, le tout est fixé par deux boulons (l'l') qui se vissent dans la poupée ou corps du tour.

Les fig. 118 et 119 représentent la grande roue, au moyen de laquelle on donne le mouvement au tour : elle est montée sur un pied ou patin (m'), et porte des poulies de différens diamètres; son axe repose sur des galets (n'n'), afin d'en adoucir le frottement; le moyeu de la roue est en fonte et reçoit les rayons en fer (o'o'q').

On se sert aussi, pour donner le mouvement à l'arbre d'un tour, d'une petite roue que l'on fait tourner avec le pied; elle est quelquefois placée sous le banc du tour, d'autres fois au-dessus (voy. fig. 137, 138, 139 et 140, pl. 4); elle doit être suspendue avec beaucoup de légèreté, soit sur des pointes, soit sur des galets; la pédale qui donne le mouvement à cette roue doit être telle que l'on puisse faire agir le pied avec la même force, à quelque point du tour que l'on se place, et pour cet effet, elle doit présenter la forme d'un rectangle (fig. 137, 140, pl. 4), dont un des côtés forme l'axe de mouvement; cet axe doit être assez solide pour ne point tordre par l'effort que l'on fait en appuyant sur la pédale, afin que la transmission ait lieu sans perdre de la force qu'on lui applique.

Les fig. 120 et 121 offrent les deux vues d'une poulie volante, que l'on monte sur les pièces que l'on veut tourner; elle se compose d'un fort cercle de fer (p'), portant, aux quatre extrémités de deux diamètres perpendiculaires, quatre vis taraudées dans son épaisseur (q'); ces vis sont plates à leur extrémité (r'), qui est garnie d'un bout d'acier soudé et trempé; l'autre bout, qui se perd dans l'é-

paisseur du bois de la poulie, présente une tête carrée; le bois est formé de quatre pièces d'un côté et autant de l'autre; chacune présente un secteur d'un quart de cercle; elles sont unies par des vis à bois (s') et se croisent par moitié; le cercle est fixé entre ces pièces par quatre oreilles, qui en font partie et qui sont reçues dans quatre entailles pratiquées dans ces pièces de bois; une gorge, creusée dans l'épaisseur de la poulie, reçoit la corde qui lui donne le mouvement, et des trous, percés aussi dans l'épaisseur vis-à-vis de la tête de chaque vis, permettent d'introduire la clef à béquille, fig. 122, au moyen de laquelle on fait tourner les vis.

Nous pensons qu'il serait convenable, avant de passer à l'examen des outils qui dépendent du tour, sans le constituer, de faire quelques remarques sur les principes de construction de cette machine, l'une des plus importantes parmi les moyens d'exécution.

Le banc doit être aussi droit que possible; s'il est en bois, les variations atmosphériques apportent des changemens dans sa forme, mais s'il est construit en fonte de fer, il doit être dressé avec soin; l'écartement des deux parties doit être égal partout et à l'épaisseur des coulisseaux des poupées; l'arbre du tour en l'air doit être bien parallèle au coulisseau et dans le même axe que la vis. Rien ne doit être négligé pour donner à toutes ces pièces la position précise qui leur convient.

Quant à l'arbre, il doit être parfaitement cylindrique et juste dans les colets; l'embase du nez doit avoir une petite partie plate qui touche au collet, et elle doit être constamment pressée contre ce colet par le tirage de la clavette en cuivre (T); la vis de la seconde poupée doit entrer très-juste dans le trou lisse du premier collet, et passer dans un écrou formé dans le second.

MANDRIN UNIVERSEL.

Après avoir décrit les différentes espèces de tour, il nous reste à parler des outils qui en dépendent.

Le plus important de ces outils est le mandrin universel. Bien qu'il soit peu employé dans la serrurerie ordinaire, nous avons cru devoir le donner, parce que cet art s'est aujourd'hui tellement perfectionné, que l'on doit, dans un atelier de serrurerie, pouvoir exécuter toutes les pièces de métal qui peuvent se présenter.

Cet outil, dont on a dessiné les différentes vues et les détails dans les fig. 123 à 129, se compose d'un grand plateau rond, en fonte (A), portant à son centre un renflement (B) dans lequel on pratique un écrou (C) pour le monter sur le nez du tour; il est fendu de quatre entailles (D) de disposition rectangulaire, suivant les deux diamètres du cercle; ces coulisses (D) reçoivent quatre vis (E) passant à travers des collets (F) de deux pièces; ces vis sont entrées dans la coulisse par son extrémité extérieure, qui est fermée et percée d'un trou qui permet le passage de la vis; afin de la retenir à sa place, on a pratiqué dans le corps de la vis, au point (G), une gorge qui reçoit deux plaques en acier (H), dont on voit le détail fig. 127. La plus grande de ces plaques est glissée dans deux entailles faites à l'extrémité de la coulisse, et la petite plaque, qui est à queue d'hironde, est reçue par l'entaille de la grande, de manière à compléter le colet de la vis, qui ne peut plus ni reculer ni avancer; les colets (F), qui sont taraudés de manière à recevoir cette vis, sont ainsi transportés aux différens points de la coulisse, et peuvent se rapprocher ou s'éloigner du centre, lorsqu'à l'aide d'une clef à béquille, fig. 130, on fait tourner les vis (E); les colets (F) étant saillans sur la plate-forme du mandrin, on peut y placer des pièces en fer, fig. 129, qui se fixent au moyen des vis de pression (I); le bec (K) étant lui-même saillant, on peut serrer une pièce extérieurement ou intérieurement. Cet outil est extrêmement commode, et fait une des pièces essentielles du tour.

Les fig. 131 et 132 représentent un mandrin qui n'est autre chose qu'un plateau de fonte percé de trous à différentes distances du centre; on place sur ce mandrin des morceaux de bois que l'on fixe au moyen de fortes vis à bois, et on tourne ces pièces de bois pour recevoir les différens objets que l'on veut tourner.

Les fig. 11 et 12 offrent les deux vues d'un mandrin fort commode pour saisir les pièces de petites dimensions; il se compose d'une boîte cylindrique dont le fond, percé à son centre, reçoit le nez du tour, et autour de laquelle on a placé huit vis (L) passant dans les écrous pratiqués au travers des masselottes (M) disposées à des points diamétralement opposés sur la circonférence de la boîte; on tourne les vis à l'aide de la clef fig. 130 ou celle fig. 114.

Les figures 137 à 140 offrent les deux élévations et le plan d'une roue à pédale pour un petit tour en l'air; il convient de monter l'axe avec beaucoup de légèreté sur deux galets: on voit les détails de cette espèce de colet dans les fig. 140. La fig. 139 offre le plan de la bascule ou pédale. Elle est formée d'un rectangle dont un des grands côtés (N) est terminé par deux tourillons roulant dans des colets (O) fixés sur le plancher de l'atelier; l'autre extrémité des deux bras (P) porte une traverse suspendue par ses extrémités, au moyen de deux petits tourillons qui roulent dans les trous pratiqués aux extrémités des leviers. Par cette disposition, la pédale exige le même effort pour être mise en mouvement, à tel point de son étendue que l'on place le pied.

Les fig. 141 représentent les outils à tourner le fer. On les nomme crochets, la première à gauche offre le véritable crochet; la seconde, le grain d'orge; la troisième, la plaine ou plane.

Les outils fig. 142 sont ceux dont on se sert pour tourner le cuivre; on les affûte d'équerre, et l'angle droit est le plus convenable pour couper cette matière.

Les fig. 143 représentent les peignes dont on fait usage pour former les vis sur le tour; le premier sert à fileter la vis; le second, pour former l'écrou.

Les fig. 145, 146 et 146 bis, offrent les détails d'assemblage des pointes du tour représenté fig. 112 à 115 de la planche 3.

On voit à droite l'assemblage du bout de la vis avec la pointe roulante, et à gauche on trouve la coupe générale de la poulie du toc.

Les fig. 146 et 146 bis donnent le détail de la pointe coulante et du lardon de pression; ces trois figures ont

déjà été décrites en parlant du tour, auquel elles appartiennent.

Les fig. 147 à 152 représentent le tour d'horloger, ou tour à l'archet. La première, fig. 147, offre l'élévation générale de ce tour, et représente un petit tour en l'air très-commode pour les objets de très-petite dimension que l'on ne peut pas mettre entre deux pointes; celles 148 et 149 présentent le plan du même outil, et sa vue par une des extrémités. Les fig. 150 et 151 donnent les détails du support. Enfin, les fig. 152 offrent les vues et les détails d'une bobine à quatre vis et de sa clef; elle sert à saisir et donner le mouvement aux pièces que l'on monte sur le tour. Nous ferons remarquer seulement ici que les pointes du tour sont fixées par un moyeu qui diffère du moyeu ordinaire : il consiste à saisir par les deux extrémités du trou le corps de la pointe au moyen d'une chape (Q) portant au milieu de la traverse une vis qui agit sur la tête des poupées du tour, et que l'on fait tourner du côté où l'on veut, pour être moins gêné dans le travail. Le support fig. 28 et 29 est fixé de la même manière.

Les figures 153, 154 et 155 donnent la disposition d'un fut de virebrequin à roue de renvoi; les forets sont montés dans le cylindre (R) auquel le mouvement est imprimé par la manivelle (S), dont l'axe porte l'engrenage (T) qui donne le mouvement à celui (U), monté sur l'axe du foret; une pomme (V) sert à appliquer l'effort de la main pour forcer le foret. Cette monture mécanique est surtout d'un grand usage pour percer les trous à travers lesquels on fait passer les cordons des sonnettes, et qui sont toujours très-près de l'angle formé par les deux faces des murs du bâtiment.

Les fig. 156 et 157 offrent le profil et le plan d'une filière à plaques dont la vis de pression des coussinets est filetée à l'extrémité de l'un des manches. Ces sortes de filières sont moins bonnes que celles que nous avons représentées dans la planche 2, fig. 77 et 78, mais la construction en est plus simple et l'on en fait usage dans beaucoup d'ateliers. La pomme (X) sert à faire tourner la filière lorsque la résistance est faible.

Les fig. 158 à 162 donnent les dispositions d'une filière mécanique dont l'usage est très-avantageux lorsqu'on a un grand nombre de boulons ou de vis à fileter; elle se compose d'un banc en fonte (Y) sur lequel sont montées les deux poupées (Z et a). La première porte les coussinets qui forment la vis; elle les reçoit dans des coulisses semblables à celles d'une filière ordinaire (voyez fig. 77 et 78); ces coussinets sont comprimés sur le cylindre que l'on veut fileter par une bascule ou levier (b) dont le centre est en (c), et dont le bras est reçu par une fourchette (d) fixée à la poupée; la branche (e) reçoit un poids (f) que l'on place aux différens points de sa longueur, pour en varier la pression; l'autre poupée (a) reçoit un axe cylindrique (g) dont un des bouts porte une manivelle (h), et l'autre extrémité une tenaille mécanique au moyen de laquelle on saisit la pièce que l'on veut fileter; cette tenaille est formée d'un croisillon à deux branches (i), dont le centre porte un carré reçu par une douille (k) formant le bout de l'axe g; deux mâchoires mobiles (l) reçoivent les deux branches du croisillon et sont pressées l'une vers l'autre par une vis (m); deux autres petites vis (n) servent de butoir, et, en s'appuyant contre la douille (k), fixent l'écartement des deux mâchoires, d'après la grosseur de la pièce que l'on veut serrer; sur l'axe sont placées deux petites bagues à vis (o), que l'on met au point convenable pour fixer la longueur de la partie filetée.

On peut, en doublant cette machine, fileter deux vis à la fois du même coup de manivelle; l'une avance tandis que l'autre recule : par ce moyen on peut faire trois fois plus de boulons dans le même temps qu'avec la filière ordinaire, et le filetage est plus régulier.

La fig. 163 représente une petite cisaille à main.

La fig. 164 offre un tracequin.

La fig. 165 est une poupée à lunette, qui sert à soutenir les pièces flexibles sur le tour.

La fig. 166 représente un compas à quart de cercle.

167 est un poinçon.

168 représente un foret cylindrique, pour percer les trous sur le tour.

Cet outil se compose d'un demi-cylindre en acier (p) soudé au bout d'une barre de fer (q); le cylindre est coupé par un plan passant par l'axe et par un autre plan oblique, l'intersection forme un tranchant (r). Ce cylindre doit être tourné d'égale grosseur, avec beaucoup de soin. Pour en faire usage, il faut commencer par ouvrir le trou à la grosseur du foret, au moyen des crochets ou autres outils; ensuite on place le foret, que l'on comprime au moyen de la pointe de la poupée à vis, et, pour l'empêcher de tourner, on passe la partie (q), qui doit être plate, dans un trou de tourne-à-gauche, dont on fait passer une des branches entre les deux jumelles qui forment le banc du tour; lorsque l'on perce ainsi une pièce montée sur le tour en l'air, on peut faire un trou de telle profondeur que l'on veut et parfaitement droit et cylindrique; il faut avoir l'attention, pour que les coupeaux se dégagent bien du trou, de placer le foret de manière que la partie convexe du cylindre soit du côté du tourneur, et que la coupe se fasse dans un plan vertical et à la partie supérieure du trou.

Tels sont les principaux outils qui doivent entrer dans la composition d'un atelier de serrurerie monté de manière à pouvoir exécuter tout ce qui se présente. Seulement, on est quelquefois obligé d'en ajouter d'autres qui sont nécessaires au travail dont on s'occupe; il dépend alors de l'intelligence de l'ouvrier de leur donner les dispositions convenables.

DU TRAVAIL DU FER ET DE L'ACIER.

Après avoir donné la description des outils propres à exécuter les ouvrages de serrurerie, il paraît convenable de parler du travail que nécessite la mise en œuvre des matières employées dans ce genre de construction.

Le fer et l'acier du commerce sont ordinairement en barres rondes ou carrées, de toutes dimensions, et l'on doit choisir celles qui conviennent aux pièces que l'on veut exécuter; il faut ensuite chauffer le fer, pour lui donner la forme que l'on désire, souder plusieurs pièces ensemble, etc.; enfin, effectuer des opérations plus ou moins compliquées, pour lesquelles le fer doit être soumis à l'action du feu.

Le fer doit être plus ou moins chauffé, selon sa qualité et sa nature; les fers mal affinés ne supportent pas une chaleur forte, et tombent dans le feu lorsqu'on les chauffe au point de souder. A ce degré de chaleur, le fer est susceptible de se réunir de manière à ne plus former qu'un seul morceau de deux que l'on avait d'abord, et qui, après avoir été chauffés, ont été battus ensemble pour en opérer la réunion. Les signes auxquels on reconnaît que le fer est suffisamment chaud pour souder sont assez faciles à saisir; voici les principaux : 1°. le fer étant dans le feu, si l'on fait agir le soufflet, il sortira du feu de petites étincelles brillantes, qui ne sont autre chose que du fer brûlant détaché de la pièce par l'action du soufflet; 2°. si on regarde le fer dans le feu, on verra la surface couverte d'une espèce de liquide qui s'agite dans tous les sens, et qui est en effet du fer en fusion; 3°. enfin, si on retire le barreau du feu, on le verra étinceler de toutes parts. En cet état, on le porte sur l'enclume et on le frappe doucement et très-vite pour joindre toutes les parties; lorsqu'il a acquis un peu plus de solidité, on donne des coups plus forts, pour l'amener à la forme qu'on veut lui faire prendre; on peut aussi, en superpo- sant deux barres lorsqu'elles sont en cet état d'incandescence, et frappant vivement sur le point de jonction, les réunir et n'en former qu'une seule; cette opération se nomme souder. On appelle donner une chaude à une pièce, la chauffer jusqu'au point de souder, afin de réunir toutes les parties du métal, si quelques-unes ne faisaient pas corps avec la masse. La soudure est l'opération la plus importante du travail du forgeron : elle exige du soin, de l'intelligence et une grande habitude. Nous allons décrire les principales opérations qui dépendent de l'art de souder le fer ou l'acier.

1°. Pour souder deux barres, on prépare l'extrémité de chacune, pour le point de jonction, de plusieurs manières différentes; la fig. 169, pl. 5, offre la soudure à simple amorce; les bouts sont préparés en bec de flûte, après les avoir un peu refoulés, pour fournir à la perte de la matière par le feu; en cet état, on les offre en même temps à l'action du feu, et on les chauffe jusqu'à ce qu'ils soient au degré de chaleur dont nous avons donné les signes; alors deux forgerons enlèvent en même temps chaque pièce qu'ils secouent pour faire tomber le charbon et la crasse; le frappeur présente sa pièce sur l'enclume, dans la position de celle marquée (a), et le forgeron pose la sienne (b) dessus; ce dernier frappe quelques coups de marteau à main pour coler les deux morceaux, ensuite le frappeur se joint au forgeron, et les deux pièces sont réunies; souvent on est obligé, pour terminer complètement la soudure, de donner une chaude, que les forgerons nomment *chaude suante*. Lorsque le fer n'est pas facile à souder, on prépare les deux pièces comme le montre la fig. 170; les bouts sont coupés en fourches, dont on fait croiser les branches; on resserre les parties sur l'enclume et on chauffe les deux pièces ainsi réunies jusqu'au point de souder; ce moyen évite de les porter séparément sur l'enclume, ce qui les expose à refroidir et à faire manquer la soudure. Une troisième espèce de soudure est celle que l'on nomme soudure à chaude-portée, fig. 171; elle est du genre de la première : on prépare d'abord les deux extrémités par le refoulage (on nomme refoulage l'opération par laquelle on augmente le volume de l'extrémité d'une barre, en frappant sur cette extrémité dans la direction de la barre); ensuite on chauffe au point convenable, et on frappe de manière à rapprocher les deux bouts; lorsqu'ils sont ainsi réunis, on frappe autour de la soudure, enfin on donne une chaude pour achever.

La fig. 172 représente encore une soudure à chaude-portée; le bout de la pièce (c) est refoulé, et lorsque celle (d), sur laquelle il faut le souder, ainsi que ce bout de la pièce (c), sont au degré de chaleur convenable, on frappe de manière à les coller l'une sur l'autre, et de même autour du point de jonction, pour effacer les marques de la soudure.

Lorsque l'on veut former un tube, figure 173, on ploie du fer mince autour d'une tringle de la grosseur intérieure du tube, et lorsque les deux côtés sont bien rapprochés, on les soude, en donnant de petites chaudes bien ménagées sur tous les points du joint. Les tuyaux exécutés de cette manière ne peuvent être longs que de trois ou quatre pieds, et lorsqu'on veut les faire de longueur plus considérable, il faut les souder bout à bout, ce qui se fait assez bien de la manière que nous allons décrire. D'abord on refoule les bouts de tuyau que l'on veut joindre, en ayant soin de laisser toujours une tringle dans le tuyau; ensuite on passe la tringle dans les deux bouts à la fois, et, ainsi enfilés sur la même broche, on les porte au feu, on chauffe jusqu'à souder, mais on retire un peu la tringle pour qu'elle ne chauffe pas autant que les tuyaux; lorsqu'ils sont arrivés à l'état de souder, on frappe doucement sur le bout pendant, en tenant ceux de l'autre, sans sortir du feu, et la tringle dirige le rapprochement; lorsque l'on juge que la soudure est opérée, on retire promptement et on porte sur une étampe de force convenable, où l'on bat à petits coups précipités; de cette manière un forgeron adroit peut faire des tuyaux de toutes longueurs.

Si l'on veut augmenter l'épaisseur d'une pièce, en soudant un morceau, fig. 174, il faut d'abord chauffer la pièce, lui donner quelques coups de tranche en croix, et préparer le morceau, comme l'indique la figure, en l'amincissant par ses extrémités et relevant des griffes ou pointes dans toute son étendue; les deux parties ainsi préparées, on chauffe la pièce et on frappe le morceau froid dessus : les griffes entrent dans le fer chaud, et les deux pièces tiennent ensemble. En cet état, on les place dans le feu de manière que là le feu agisse sur le morceau que l'on veut souder; lorsqu'il est parvenu à la chaleur convenable, on frappe sur le milieu du morceau et ensuite sur les deux parties minces. En deux bonnes chaudes bien ménagées, on soude un morceau de fer ainsi plaqué, de manière à ce qu'il ne paraît rien.

Afin de souder une virole autour d'une tringle, pour former une ambase ou une tête de boulon, fig. 175, on prépare un anneau ouvert, plus petit qu'il ne faudrait

pour entourer la tringle; on foule un peu l'extrémité de cette tringle, on la passe dans l'anneau et on serre l'anneau sur la tringle; on donne une chaude en fermant doucement l'anneau par des coups donnés autour.

Les deux fig. 176 et 177 représentent la manière de former la femelle d'un moufle (on nomme moufle une charnière en tête de compas; la pièce composée de deux joues se nomme la femelle, l'autre le mâle), ou tête de compas. Lorsqu'elle est grande on prépare les deux parties comme l'indique la fig. 176, et on les soude ensemble; lorsque le moufle est petit, on prépare une masse que l'on perce à chaud avec des poinçons de plus en plus gros, fig. 177; enfin on enlève la partie (e) qui joint les deux côtés.

Si l'on veut former un croisillon à trois ou quatre branches, on prépare le fer comme la fig. 178, puis on le perce avec un poinçon, comme fig. 179, et on tranche les deux bouts jusqu'aux trous; enfin on ouvre les branches, comme on le voit fig. 180, et on achève de lui donner la forme. Il y a, pour former un croisillon, plusieurs autres manières qui dépendent de la grandeur de la pièce; celle-ci est la plus usitée.

DE LA MANIÈRE DE CORROYER LE FER.

Souvent le fer du commerce n'a pas la qualité que peuvent exiger certaines pièces, alors on est obligé de le rendre nerveux et ductile en le corroyant. Cette opération consiste à souder ensemble plusieurs barres de fer, pour n'en former qu'une seule; pour cela, on pose l'une sur l'autre les barres qui doivent être corroyées, fig. 181, on les lie ensemble pour en former un faisceau, et on commence à chauffer une extrémité jusqu'à souder; on bat le fer et on soude une barre (f) d'un pouce carré, fig. 181 bis, qui forme une espèce de branche que l'on nomme ringal; il sert à tenir les morceaux de fer que l'on continue à souder dans toute leur étendue, pour en former ensuite la pièce que l'on veut exécuter. Les pièces forgées de cette manière sont très-solides, et le fer prend, par cette opération, une ductilité et une ténacité qui permettent de lui donner toutes les formes.

La fig. 182 représente la manière de préparer une rondelle pour la soudure.

DU TRAVAIL DE L'ACIER.

Le travail de l'acier est un peu différent de celui du fer; le carbone qui se trouve en grande quantité dans cette matière la rend plus susceptible de brûler et de se détériorer au feu; il faut, pour souder l'acier, prendre des précautions qui sont inutiles pour le fer.

Les aciers qui se soudent bien, soit avec eux-mêmes, soit avec le fer, sont les aciers d'Allemagne ou les aciers de cémentation français. L'acier fondu ne peut se souder à chaude-portée, ni avec lui-même, ni avec le fer; j'ai vu cependant de l'acier fondu soudé avec lui-même, mais ce procédé ne m'est pas connu. Je donnerai bientôt un artifice au moyen duquel on en opère la soudure avec le fer.

L'acier, lorsqu'on le forge, doit être ménagé au feu, et lorsqu'on veut le souder, il faut avoir la précaution de jeter souvent du grès pilé dans le feu et sur la pièce, afin de le couvrir d'un verni de silice fondue, qui empêche l'action directe du feu et détermine la fusion de la surface de l'acier, fusion nécessaire pour opérer la soudure; lorsqu'il est à l'état désirable d'incandescence, on le frappe à petits coups précipités comme le fer.

Quant à l'acier fondu, voici les précautions pour le souder.

Forgez une lame très-mince d'acier fondu : faites chauffer la pièce de fer au point de souder; appliquez la lame d'acier fondu dessus, et frappez vivement, l'acier prendra la chaleur du fer et se soudera : je n'ai jamais vérifié ce moyen.

Une autre manière, qui me paraît plus sûre, est de prendre de la limaille d'acier fondu, de chauffer la pièce de fer jusqu'à souder, et de la rouler dans la limaille d'acier, en frappant doucement pour aglutiner les grains. Du reste, on a rarement besoin de souder de l'acier fondu.

Les figures 183 représentent la manière de souder une masse d'acier à un marteau. Pour cela, on prépare un morceau d'acier carré de trois à quatre lignes d'épaisseur, sur lequel on relève des griffes au moyen de la tranche; on trempe un peu cet acier, ensuite on fait chauffer le fer et on le frappe sur l'acier pour qu'il s'y attache; enfin on chauffe le tout jusqu'à souder et on bat l'acier sur le fer. On doit avoir soin, pendant tout le temps de la chauffe, de projeter du grès pillé dans le feu, pour aider à la soudure de l'acier.

La fig. 184 offre la manière dont on doit souder un morceau d'acier à une tranche. Pour cela, on forge un coin d'acier, on fend le bout de la pièce, et l'on y introduit le coin d'acier que l'on serre entre les deux côtés; enfin on donne une chaude pour souder l'acier.

DE LA TREMPE.

La propriété la plus utile de l'acier est de se durcir instantanément lorsqu'on le plonge rouge dans un fluide froid. Cette opération, que l'on nomme la trempe, est fort importante et très-difficile; c'est elle qui fait la qualité des outils tranchans, en supposant toutefois que l'acier employé à les former est lui-même de bonne qualité.

Un très-grand nombre de procédés ont été employés pour la trempe de l'acier; quelques artistes font un secret de leur manière de tremper, et, il faut en convenir, il y a des moyens de tremper supérieurs à d'autres. Nous allons parler de ceux qui sont venus à notre connaissance.

Le plus simple de tous est de faire rougir l'acier et de le plonger dans l'eau froide; mais le degré de chaleur auquel il faut opérer cette immersion, varie suivant l'espèce d'acier que l'on veut tremper; l'acier d'Allemagne peut être chauffé jusqu'au rouge clair; l'acier fondu ne peut être porté qu'au rouge approchant de la couleur de la cerise; plus chaud, il se fend à la trempe. L'acier commun de cémentation veut être chauffé jusqu'au rouge rose très-clair et presque blanc.

Les liquides dans lesquels on plonge l'acier, sont l'eau, l'huile, l'eau de savon, le plomb, l'étain, etc.; la trempe à l'eau est la plus usitée comme plus simple, et plus l'eau

est froide plus la trempe est dure; les eaux de puits, surtout lorsqu'elles sont fortement chargées de sulfate de chaux, sont propres à donner une trempe très-dure; le savon dissout dans l'eau donne une trempe plus douce, l'huile donne une trempe plus douce encore et qui convient aux ressorts; le plomb, l'étain donnent une trempe assez douce; au reste, l'expérience et l'habitude donnent le moyen de tremper convenablement, et au degré de chaleur nécessaire, les différentes espèces d'acier que l'on est dans l'usage de travailler; il paraît que l'état de l'atmosphère a aussi une influence sur la trempe, et que les temps humides sont les plus propices.

La trempe, quelle qu'elle soit, donne à l'acier une dureté qui le rend aussi fragile que le verre : pour rendre la ténacité nécessaire aux pièces trempées, il faut leur donner un degré de chaleur plus ou moins fort; cette opération se nomme *recuit*.

Le recuit peut être porté à différens degrés : on les reconnaît aux couleurs que prend l'acier; les teintes se succèdent dans l'ordre suivant : paille, or, rouge, violet-bleu et gris-bleu.

Lorsqu'on veut faire revenir ou recuire une pièce d'acier trempée, il faut en découvrir une partie en la frottant avec du grès ou toute autre substance sèche qui lui rende le brillant métallique; ensuite, on la place sur un morceau de fer rouge, en faisant toucher la partie la plus forte la première; et, dès que la couleur à laquelle on veut arrêter le recuit se présente, on plonge la pièce dans l'eau; lorsque l'on veut recuire des ressorts, on les graisse d'huile ou de suif, et dès que la graisse brûle on les plonge dans l'eau.

Nous pensons que tous les secrets pour obtenir une bonne trempe, se réduisent à saisir le degré de chaleur convenable à l'acier qu'on traite, et ce n'est qu'après des expériences assez multipliées que l'on peut arriver à ce point. Quelques ouvriers, lorsqu'ils veulent tremper des marteaux, des chasses et autres outils qui doivent rester au point de la trempe la plus dure et qui n'ont pas besoin de recuit, emploient de l'ail pillé, du sel, des morceaux de corne, de cuir, etc.; ils frottent la pièce chaude au point de la trempe dans ces ingrédiens, qui, à ce qu'ils prétendent, donnent plus de dureté à l'acier.

Il nous reste, pour achever ce qui a rapport aux opérations de la trempe, à parler de la trempe en paquet.

DE LA TREMPE EN PAQUET.

On nomme ainsi une opération par laquelle on change en acier la surface des pièces de fer, et on la rend susceptible de se tremper, de manière à acquérir une dureté souvent plus grande que l'acier même.

Nous avons déjà dit que l'acier n'était que du fer combiné avec le carbone : il se fabrique en chauffant, pendant un temps plus ou moins long, des barres de fer enveloppées de substances charbonneuses ou contenant beaucoup de carbone : le fer se pénètre peu à peu de carbone et se change en acier; c'est sur ce principe qu'est fondée la trempe au paquet. Pour cette opération, préparez une boîte de tôle de grandeur suffisante pour les pièces que vous voulez tremper. Faites au fond de la boîte un lit de charbon, de cuir, de cornes et autres substances animales, et mélangez à toutes ces substances, de la suie calcinée que l'on trouve dans les cheminées ; arrangez bien toutes les pièces de manière à ce qu'elles soient entourées d'un pouce au moins de ces substances ; fermez la boîte et lutez avec de la terre ; ensuite placez cette boîte dans un feu de charbon de bois, et entretenez rouge toute la boîte pendant trois ou quatre heures. Retirez alors les pièces de la boîte et plongez-les dans l'eau bien fraîche ; cette trempe présente quelquefois des couleurs variées assez agréables : c'est de cette manière que l'on trempe les platines des armes de luxe.

DE LA FONTE DE FER.

Le travail de la fonte se réduit à peu de chose : on la perce, on la taraude, on la lime comme le fer lorsque sa qualité le permet, c'est-à-dire, lorsqu'elle est douce ; si les pièces sont gauches, on peut les redresser en les chauffant, les pressant entre deux parties droites et les laissant refroidir sous l'effort de la pression.

Lorsque l'on veut couper une pièce de fonte trop longue, on peut employer la scie, même lorsque la fonte est dure. La seule préparation est de chauffer la fonte jusqu'au rouge : en cet état une scie de menuisier suffit, et la fonte n'est pas plus dure que du bois.

Lorsque l'on veut braser de la fonte, il faut, pour que la brasure réussisse bien, mêler un peu de limaille d'acier à la soudure de cuivre ; au reste, j'ai brasé de la fonte sans prendre cette précaution, et l'opération a réussi.

DE L'ASSEMBLAGE DES GRANDES PIÈCES DE FER A FROID.

Les figures du n°. 185 au n°. 203, présentent les différentes manières d'assembler à froid les grandes ferrures des bâtimens.

Les figures 185 à 190, représentent, savoir : 186, un bout de grande barre traversant un bâtiment pour soutenir deux murs opposés, 185, 187, 188, les barres en (S ou en Y) que l'on fixe sur les murs qui doivent être soutenus ; on forme au milieu de leur longueur une sorte de dent (a) que l'on nomme moise et qui sert à les soutenir, pour les empêcher de glisser dans l'anneau de la barre 186 ; la fig. 189 représente un crampon destiné à être fixé sur un bout de charpente : les petits trous que l'on aperçoit sur la barre, reçoivent les chevillettes qui servent à l'arrêter, et le petit bout (b), courbé d'équerre, est reçu par une entaille ou mortaise de même dimension ; cette disposition ajoute beaucoup à la solidité lorsque la pièce reçoit un effort qui la tire suivant sa longueur ; 190 est la même pièce, destinée à être scellée dans un mur : on nomme l'espèce de fourche que l'on voit dans la muraille, scellement en aile de mouche.

191 et 192, présentent deux moyens d'agraffer les grandes barres de traverses.

193 représente un étrier pour soutenir le bout d'une charpente : les deux parties (c, c,) se fixent au moyen de chevillettes sur une forte charpente.

194, assemblage de deux barres ; on forme cet assemblage en doublant les bouts des barres, puis soudant cette extrémité pour former un crochet (d), enfin on étire les bouts et on les rend minces : lorsque l'on a ainsi ajusté les deux barres, on passe deux anneaux carrés (ee), que l'on force en les chassant vers le point (d) ; enfin pour retenir ces anneaux à leur place, on relève à froid les bouts amincis des deux barres : cet assemblage est très-bon lorsque l'effort se fait en tirant.

195, offre un assemblage à enfourchement : le moufle et la barre, ou le mâle et la femelle, sont traversés par une clavette et un double mentonnet dont on voit les détails en (f et g) ; le mentonnet (f) a pour objet de retenir les deux joues du moufle, pour qu'elles ne s'écartent pas en enfonçant la clavette.

196, est le même moyen d'assemblage que le précédent, seulement les deux barres sont percées de mortaises, à travers lesquelles on fait passer deux mentonnets et une clavette ; ces deux mentonnets placés de chaque côté de la clavette, servent à retenir les deux barres.

197, est le même assemblage que le précédent, mais appliqué à des barres rondes ; celle (h) est terminée par une douille qui reçoit le bout de la tringle (i) : la douille et la tringle sont traversées par deux mentonnets et une clavette, comme les barres de la figure précédente.

198, offre l'assemblage à trait de Jupiter. Les deux pièces sont de même forme que celle (k), de sorte qu'en les plaçant l'une sur l'autre et en forçant une clavette entre le mentonnet du centre de chacune, on les force par leurs extrémités qui entrent dans les parties (l) creusées en queues d'arronde ; enfin une petite cheville, qui entre moitié dans le bout (k) et moitié dans la queue d'arronde, les empêche de se déranger suivant leur largeur.

199, assemblage de deux barres au moyen d'une vis de rappel. Cette sorte de joint sert à rapprocher et tendre deux parties éloignées, et sur lesquelles les deux barres sont fixées.

200, chaîne à maillons très-longs.

201, assemblage à prisonnier ; il sert à fixer de petites pointes en fer rond sur une barre : pour faire cet assemblage on forme une petite tête (m) au bout de la pièce, puis on perce un trou peu profond dans la barre (nn) ; on place la petite tête dans le fond, et au moyen d'un outil nommé langue de carpe, on resserre la matière autour de la tête, qui se trouve ainsi enfermée.

202, est un assemblage à tenon et mortaise chevillés.

203, représente un assemblage à queue d'arronde.

DE LA FERMETURE DES BAIES DES BATIMENS.

Après avoir donné tous les détails relatifs à la formation d'un bon atelier de serrurerie, et décrit le travail, sous le rapport des moyens d'exécution, il nous reste à faire connaître les travaux de cet art dont le but est d'établir la sûreté et défendre la propriété de l'invasion des malveillans.

Cette partie, qui peut être généralement désignée par fermeture de sûreté, se divise encore en deux genres : 1°. la grande fermeture des diverses baies d'un bâtiment, telles que grilles, ferrures de boutiques, de portes cochères, de portes intérieures, de fenêtres, volets, etc; 2°. la fermeture de sûreté comprenant toutes les espèces de serrures, cadenas, verroux, et en général toutes les pièces mécaniques, au moyen desquelles on préserve et défend l'entrée des édifices, et que l'on peut ouvrir ou fermer à volonté, à l'aide de clefs, de combinaisons ou de secrets.

Nous ne nous occuperons point des constructions immobiles, telles que les grilles; cette partie, qui tient à l'architecture et à la décoration des édifices, a été donnée, avec de grands détails, dans la première partie de l'ouvrage : nous n'examinerons que les ferrures, proprement dites, et la fermeture de sûreté.

DE LA FERMETURE D'UNE PORTE COCHÈRE.

On a varié d'un grand nombre de manières les dispositions des pièces qui servent à la fermeture d'une porte cochère : nous avons choisi celle représentée fig. 204, qui nous a paru aussi élégante que solide, et qui est généralement en usage maintenant, à quelques légères modifications près.

Elle se compose d'une grande espagnolette (A) (voyez les fig. 205, 206, 207, 208, 209, 210, qui offrent sur une plus grande échelle les détails de cette fermeture) tournant dans des lacets (BBB′B) fixés sur le montant du vantail plein. Toute la partie supérieure de l'espagnolette, depuis le milieu de la douille du lacet inférieur jusqu'au crochet (C), tourne à l'aide de la poignée (D); elle se compose d'une tringle passant dans les douilles des lacets et terminée par le crochet (C); les lacets sont fixés par de fortes vis à bois traversant la platine (E) sur laquelle ils sont montés; à partir du milieu de la douille du lacet (B′) la tringle est prolongée et forme un verrou tombant, dont le bout inférieur entre dans un trou pratiqué à la pierre qui forme le milieu du seuil de la porte et se relève en bossage sur la rigole qui sert à l'écoulement des eaux pluviales; ce point de la pierre est garni d'une pièce de fer qui y est scellée et la garantit des dégradations que pourrait causer la chute du verrou : à la tringle est adapté un bouton (F), à l'aide duquel on soulève le verrou, et derrière se trouve fixé un taquet (F′) passant dans une entaille pratiquée à la platine G: cette dernière pièce porte un cliquet (G′) mobile sur un centre (G″), et que l'on fait passer sous le taquet pour tenir le verrou levé : la poignée (D) porte derrière un auberon (*) qui entre dans

le palâtre d'une serrure (210) recouverte par la poignée; l'ouverture (H), pratiquée dans cette poignée, permet l'entrée de la clef : cette serrure est fort simple, et sa construction est semblable à celle des cadenas ordinaires.

La porte est montée sur des pentures à gonds (I) et (fig. 211) roule sur des pivots (K); les gonds sont scellés dans le mur et les pentures sont entaillées et perdues dans l'épaisseur de la porte; on les retient par des chevilles qui traversent le bois et le fer; le gond supérieur est recouvert afin que l'on ne puisse pas soulever la porte qui, au reste, est tenue dans la feuillure de la maçonnerie.

Les deux ventaux sont consolidés à leur partie inférieure par deux fortes équerres (L), et (fig. 212) fixés dans les battans du châssis ou cadre par des boulons plats, perdus dans l'épaisseur du bois, et retenus par des clavettes qui traversent le bois et le fer; on voit ces boulons, fig. 213; l'angle de l'équerre est fortement renforcé et porte une masselotte (M) dans laquelle on perce la crapaudine qui reçoit le pivot inférieur (K) : ce pivot, que l'on voit fig. 214, est scellé dans un dez en pierre; le cadre des ventaux est encore consolidé par des équerres (N), et (215) fixées par des vis à bois.

La petite porte d'entrée ou porte bâtarde, qui fait partie de l'un des ventaux, est ferrée en haut et en bas par de grandes équerres doubles (O), et (216) elle porte une grosse serrure à pène dormant (P), un verrou (Q), une petite serrure à pène coulant (R) et une main ou poignée (S). La grosse serrure est semblable aux serrures simples, à pène dormant, que nous décrirons bientôt : la petite serrure (R), qui ferme ordinairement la porte, communique, au moyen de chaînes et de fil de fer, jusqu'à la loge du portier. Quant au verrou, il est simple et n'offre qu'une targette de forte dimension; enfin la porte se meut sur des fiches (T) dont les plaques sont perdues dans l'épaisseur de la porte et du battant du vantail; on en voit le détail plus en grand, fig. 217.

Les figures 218, 219, 220, 221, 222, 223, 224, 225, représentent les détails de la ferrure d'une porte cochère simple.

218, offre le fléau et les différentes parties qui en dépendent; il se compose d'une barre droite ou courbée pour s'accorder à la forme de la porte; elle tourne autour d'un boulon placé ordinairement au milieu de sa longueur et fixé sur le battant, milieu de la porte : l'un des bras ou de fléau porte une petite tringle, terminée par un moraillon qui reçoit un piton, placé sur le ventail dormant : on fixe cette pièce par une serrure ou par un cadenas.

219, fourchette qui embrasse le battant (**) des charnières de chaque vantail : elle est fixée par des rivures ou des boulons qui traversent le battant : la partie inférieure, où se joignent les deux branches de cette fourchette, est très-forte et percée d'un trou pour recevoir un pivot

---

(*) Espèce de petite gâche qui entre dans la serrure, et reçoit le pène.

Cette pièce sera décrite quand on traitera de la fermeture de sûreté.

(**) On nomme battans les pièces de bois qui forment le cadre de chaque vantail.

semblable à celui représenté, fig. 214. Les fig. 220, 221, 222, offrent les pentures et les gonds.

223 et 224, donnent la disposition d'un verrou tombant ordinaire; il porte un anneau que l'on accroche à un clou fixé dans le battant.

La figure 225 représente une targette.

Les figures 226, 227, 228, 229, 230 et 231, donnent les détails de la ferrure d'une porte battante; 226 et 227, sont les différentes formes de gonds; 228, une penture à retour d'équerre; 229, est une équerre formant penture; 230, sont les différens pivots sur lesquels roulent les portes battantes; enfin 231, représente les pentures ordinaires.

DES PORTES INTÉRIEURES.

Les portes des appartemens diffèrent beaucoup dans leurs fermetures, et nous aurions une longue description à faire si nous voulions examiner toutes les variétés de fermetures qui y ont été appliquées; mais nous nous bornerons à celles qui nous paraissent offrir des exemples suffisans pour en déduire toutes les variétés que la localité pourrait exiger.

Les portes peuvent être suspendues sur des pentures à gonds, des fiches, des pivots, etc. Les pentures n'offrant rien qui ne soit bien connu, nous n'avons pas cru devoir les figurer, et nous renvoyons à celles qui ont été données en parlant des portes cochères.

Quant aux fiches, elles varient de disposition et de forme : celles qui sont les plus usitées se composent de charnons, croisés en plus ou moins grand nombre, traversés par une cheville dont les extrémités sont ornées de boules, de vases, ou de toute autre figure (voyez 232); on les fait aussi avec de la tôle ou du cuivre doublés et ployés. Celles de la fig. 233 se nomment couplets; on les fait de deux côtés, c'est-à-dire, à droite et à gauche, afin que quand ils sont fixés la pièce ne puisse en sortir; on les emploie spécialement pour les châssis à tabatière. Enfin la figure 234 représente une charnière à double charnon: cette sorte est employée dans les meubles dont les deux pièces ainsi jointes doivent ne former qu'un plan lorsqu'elles sont développées, et l'on peut indifféremment faire tourner l'une ou l'autre autour de la charnière.

Les figures 235 représentent une espèce particulière de fiches dont on fait usage en Angleterre pour les portes intérieures d'appartement; elles sont en fonte de fer, et ressemblent aux couplets 234; seulement les douilles qui reçoivent l'axe sont taillées toutes deux comme une vis à filets très-alongés : le plan incliné est de 45 degrés, et l'une des pièces glisse sur l'autre; il résulte de cette disposition qu'en ouvrant la porte elle s'élève à mesure que son ouverture augmente, et que quand elle est fermée elle joint parfaitement avec le plancher; ces sortes de fiches sont extrêmement commodes pour les appartemens garnis de tapis; elles évitent le jour que l'on serait obligé de donner à la porte, pour qu'elle ne fût pas arrêtée dans son mouvement : elles présentent encore un autre avantage, qui consiste à faire fermer la porte d'elle-même sans le secours des ressorts ou des contrepoids, dont la présence est désagréable; en effet, les plans inclinés glissant l'un sur l'autre, le poids de la porte détermine le mouvement qui s'accélère et la fait battre avec une force suffisante pour vaincre la résistance de la serrure.

Lorsqu'on ne fait point usage de ces sortes de fiches et que l'on veut que la porte se ferme d'elle-même, on est obligé d'y adapter un ressort ou un contrepoids. Le ressort (236) est ordinairement composé d'un barillet (a et 236 bis) dans lequel est enfermé un ressort spiral, comme celui d'une pendule; il est fixé par une de ses extrémités au boisseau du barillet (a'), et par l'autre à l'axe (b); sur cet axe est monté un bras de levier (c), dont l'extrémité porte un galet (d) roulant dans une petite rigole de tôle fixée sur la porte.

On peut aussi employer les contrepoids pour opérer la fermeture d'une porte, mais ce moyen n'est plus usité que pour les portes extérieures des salles de ventes ou d'audiences. Dans quelques salles où il entre beaucoup de monde, on établit des portes battantes qui s'ouvrent également en dedans et en dehors et se replacent d'elles-mêmes à la position voulue pour la fermeture : on peut obtenir cet effet par deux moyens différens. Le premier consiste à suspendre la porte sur des pivots qui ne soient pas dans la même ligne verticale, mais qui soient cependant placés tous deux dans le plan de la porte (fig. 237); lorsqu'on l'ouvre, soit d'un côté soit de l'autre, elle s'élève, retombe ensuite en oscillant, et finit par se fixer dans sa position naturelle; ce genre de suspension n'est guère usité que pour les portes de jardin; alors il se compose d'un pivot supérieur (d), roulant dans une crapaudine, et d'une ancre ou croissant qui termine la branche horizontale de l'équerre (e) de la porte : ce croissant a ses branches terminées par deux petites fourchettes qui reçoivent les cylindres (f); lorsqu'on ouvre la porte en dedans, la branche intérieure du croissant tourne sur le cylindre intérieur, et, comme le pivot (d) tombe verticalement au milieu de la distance des cylindres (f), la porte est suspendue sur deux points qui sont hors d'aplomb; elle retombe donc en oscillant, jusqu'à ce qu'enfin elle s'arrête dans sa position naturelle; alors les deux branches du croissant reposent sur les deux cylindres (f) (Voyez les détails plus en grand (fig. 237 bis). Le second moyen consiste dans un mécanisme que l'on nomme ressort double, représenté (fig. 238 et 239, pl. 7) (240, 241, 241 bis, pl. 8); il se compose de deux bras (g) poussés par les deux branches d'un ressort en arc (h), que l'on peut tendre à volonté au moyen de l'écrou (i), à l'aide duquel on pousse la vis (k), dont la tête porte le milieu de ce ressort : le tout est enfermé dans une boëte que l'on cache dans l'épaisseur du plancher, sous le seuil de la porte; le pivot inférieur de cette même porte passe à travers la boëte du mécanisme et va reposer dans une crapaudine (l) placée au fond de la boëte; ce pivot, qui est fixé à l'équerre inférieure du battant, porte une pièce (m) (fig. 241) sur laquelle sont montés deux galets (n) : lorsque la porte s'ouvre soit d'un côté soit de l'autre, le pivot entraîne les galets (n) qui agissent sur l'un des bras (g), ce qui tend le ressort (h); aussitôt que la porte est abandonnée à elle-même, le galet cédant à l'effort du ressort, la porte reprend en

oscillant la position moyenne, mais les oscillations du-.
rent peu et la position de la porte est plus fixe que dans
la suspension fig. 237.

La figure 241 *bis* se rapporte au point (o) de la fig.
240; elle représente une pièce fixée sur le champ inférieur de la porte; cette pièce (o), formée en queue d'arronde, reçoit la branche inférieure de l'équerre : elle est
destinée à faciliter l'ajustement du mécanisme sur le
plancher et la fixation de la porte; en effet, quand le
mécanisme est monté et que l'équerre est fixée sur la
pièce (m) au moyen de l'écrou (p), on ne pourrait plus
placer les vis de la branche inférieure; on se contente
donc de glisser la porte de manière que cette branche
entre dans la pièce (o), et l'on assujettit par des vis à
bois (q) la branche verticale de cette même équerre.

Le reste de la ferrure des portes intérieures consiste
en verroux, targettes, barres, crochets, verroux-doubles,
à bascule ou à pignon, enfin en serrures de différentes
espèces dont nous parlerons plus loin.

Le verrou est, en général, une pièce de fer mobile,
montée sur une platine et fixée à la porte par des vis à bois.
Sa figure varie : il peut être horizontal, comme dans la
fig. 225, ou vertical, comme dans la fig. 242. Ce dernier
verrou porte derrière la pièce mobile ou targette, un ressort fixé sur la platine, dont l'objet est de le retenir dans
la position qu'on lui a fait prendre, et empêcher qu'il
ne retombe par son poids.

Dans les portes à deux battans, on fait usage, pour le
dormant, de verroux de cette espèce, qui ferment du
haut et du bas : mais afin d'éviter deux opérations, on
réunit ces deux verroux à la hauteur ordinaire de la
serrure, par un mécanisme qui varie de disposition,
mais dont le résultat est de donner en même temps le
mouvement aux deux verroux.

Celui que nous avons représenté fig. 243, se compose
de deux crémaillères (r) engrenant avec un pignon (s)
fixé sur la platine. Il est facile de voir que si l'on élève ou
abaisse l'une des deux crémaillères, l'autre fait le mouvement contraire, en sorte qu'on les dégage ou engage à la
fois dans les gâches qui les reçoivent.

Comme le mouvement à donner aux crémaillères est
quelquefois un peu rude, lorsque la rouille s'est mise à
quelques-unes des pièces mobiles, on a adapté à ce mécanisme un levier qui donne le mouvement, soit au pignon, sur l'axe duquel on le fixe, soit à des chevilles
placées sur le levier à une distance convenable de son
centre de mouvement. Les fig. 244 et 245 offrent des
exemples de cette disposition : les deux verroux sont terminés par des pattes (t) en retour d'équerre, guidées
dans leur mouvement par le trou (u), à travers lequel
elles passent, ou par des chevilles (u') fixées à la platine
et reçues dans une fourchette qui termine les pattes (t);
deux entailles pratiquées dans ces mêmes pièces, reçoivent les chevilles fixées sur le levier (v), en sorte qu'en
élevant ou abaissant ce levier, on donne un mouvement
simultané aux deux verroux.

Nous ne parlerons pas des barres, des crochets et autres parties qui entrent dans la ferrure des portes intérieures, leur simplicité est telle, que le serrurier le moins
exercé dans son art, connaît leurs dispositions et peut

facilement en varier les formes suivant les circons-
tances.

DES CROISÉES ET DES VOLETS.

La principale pièce de la fermeture d'une croisée est
l'espagnolette (fig. 246). Elle se compose d'une tringle
(a) qui porte, en trois points de sa longueur, des renfle-
mens (b) ornés de moulures et présentant la forme de
deux balustres opposés par la base : l'intervalle qui sépare
ces deux parties présente une gorge, dans laquelle on
place une espèce de piton à vis (c) qui fixe la tringle sur
le montant de la croisée : on nomme cette pièce le *lacet;*
pour le monter sur l'espagnolette, on l'ouvre à chaud et
on le referme dans la gorge (b); la queue (d) du lacet
(figure 246 *ter*) est filetée : elle passe au travers du
montant de la croisée, et reçoit un écrou (e) rond
et perdu de son épaisseur dans le bois. La tringle porte
trois petites pattes (f) servant à opérer la fermeture
du volet. A une hauteur convenable se trouve placée
une poignée (g), montée sur un petit mamelon saill-
lant (h), dont la partie cylindrique traverse la poignée
qui est ensuite retenue par une rondelle rivée; en sorte
que cette poignée peut tourner autour de ce point; à
l'autre extrémité de cette même pièce est un bouton
(i) que l'on saisit pour la faire tourner sur le vantail opposé à celui qui porte l'espagnolette; à la hauteur de
la poignée, on place un crochet (k) (fig. 246 *bis*) monté
à charnière sur un boulon qui traverse le montant de la
croisée, et se trouve fixé par un écrou semblable à ceux
des lacets; enfin les deux extrémités de la tringle sont
formées en crochets qui entrent dans deux entailles pratiquées au châssis extérieur de la croisée, et devant lesquelles on place deux pièces de tôle qui retiennent le
crochet.

Le volet porte, vis-à-vis les petites pattes (f), deux
pièces (l et m) (fig. 247); la première offre la forme d'une.
chape courbée qui reçoit la patte (f); l'autre est terminée par une partie semblable à la patte (f), et sur laquelle celle-ci vient s'appuyer après avoir passé dans la
chape (l). Pour fermer le volet, on commence par ouvrir l'espagnolette, de manière que les pattes (f) soient
perpendiculaires au plan de la croisée : alors on approche
le panneau du volet (n) du côté gauche opposé à l'espagnolette, jusqu'à ce qu'il s'applique sur la croisée; on
approche alors celui (o) de droite de manière que les
chapes (l) soient traversées par les pattes (f); enfin
on ferme l'espagnolette, qui tient à la fois fermés le volet
et la croisée.

Lorsqu'on veut que les volets ne portent aucune pièce
saillante, on peut disposer l'espagnolette de la manière
indiquée fig. 248 et 249. Elle ne diffère des autres qu'aux
deux points (p) qui offrent un mécanisme composé de
deux secteurs dentés, dont on voit la projection horizontale fig. 249; ces secteurs portent deux petits bras de
levier qui s'étendent de chaque côté sur les volets lorsque
l'on ferme l'espagnolette, et qui se placent perpendiculairement au plan de la croisée lorsqu'on l'ouvre. Les fig.
250 et 251 donnent les détails de la poignée et du crochet.

Les autres parties de la ferrure de la fenêtre, sont
les fiches et les équerres, qui ne diffèrent que par la

5

dimension des mêmes pièces que nous avons déjà décrites.

Les persiennes ou volets extérieurs, roulent ordinairement sur des gonds scellés dans le mur, et dont la forme est représentée fig. 252. Ils sont fermés par des crochets à ressort, comme celui qui est figuré 253 : on les tire à l'aide d'un fort fil de fer guidé dans de petits conduits formés avec de gros fil de fer ployé et apointi à chaque branche; les trois fig. 253, 253 *bis* et 253 *ter*, offrent : la première, la vue de face du crochet; la seconde, un profil, et la troisième, la vue par-dessus ou le plan. On ferme aussi les volets extérieurs par des barres, des boulons à clavettes, etc.; tous ces moyens sont tellement simples et si connus, que nous avons cru qu'il serait inutile de les figurer et de les décrire.

DES FERMETURES DE BOUTIQUES.

La fermeture d'une boutique varie suivant la localité ou l'état que l'on y exerce. On a beaucoup perfectionné ce genre de fermeture depuis que le luxe a présidé aux décorations extérieures des magasins; autrefois des planches retenues et réunies par des barres grossières, que traversaient des boulons à clavette, suffisaient à la sûreté des marchands; mais aujourd'hui, les vitrages et les portes sont clos par des volets et des barres, dont la disposition est élégante et solide. Nous allons donner un exemple de cette espèce de ferrure, en choisissant les dispositions les plus généralement adoptées.

Les figures 254, 255, 256, 257, 258, 259, représentent la fermeture à volets. Il faut pour qu'elle puisse être employée, que le pilastre latéral soit assez grand pour recevoir les panneaux ployés du volet.

La devanture d'une boutique ne peut avoir que six pouces (162 millimètres) de saillie sur le mur du bâtiment, et c'est dans cette épaisseur que l'on place les volets de la fermeture; mais il faut, lorsqu'il y a plusieurs boutiques contiguës, que la distance soit assez grande pour que l'on puisse former un placard, auquel on ajoute quelques ornemens extérieurs qui lui donnent la forme d'un pilastre.

La pièce de bois (a) qui forme un des côtés du grand châssis, reçoit deux ou trois charnières, selon la hauteur de la boutique : ces charnières, représentées en (b), fig. 254, 255, 256 et 257, sont composées de deux pièces coudées à plat et d'équerre (c), que l'on réunit par une plaque (d) (fig. 256) brasée avec les deux pièces (c) : l'espace qui les sépare présente une entaille dont le fond est rond, et dans lequel on place une pièce plate (e) qui termine la penture du dernier feuillet du volet; sa largeur est telle, que quand le volet est ouvert ou fermé,

elle vient à fleur de l'entaille qui la reçoit, en ne laissant aucun jour. Cette charnière n'est pas difficile à exécuter, en la construisant comme nous venons de l'indiquer; elle est fort agréable, en ce qu'elle ne présente aucune saillie et ne défigure pas le pilastre avec lequel elle s'accorde parfaitement. A partir de ce point (fig. 257), les autres pentures sont unies par des charnières ordinaires (f), alternées de manière à ce que les feuillets se ploient l'un sur l'autre, et se joignent pour ne former qu'une épaisseur égale à la somme de leurs épaisseurs naturelles. Afin de compléter la fermeture, on passe, devant le volet, une barre de fer (f²) fig. 258 et 259, courbée à son extrémité, suivant une double équerre dont la petite branche entre dans une mortaise pratiquée dans la pièce de bois (a) au point (g); tandis que l'autre bout de la barre offre une patte qui répond à l'autre pièce de bois (h), et qui est percée, ainsi que cette dernière pièce, d'un trou recevant un boulon à clavette : cette barre est soutenue, dans sa longueur, par des crochets (i) qui se ploient à charnière, et sont entaillés dans le volet de manière à l'affleurer lorsqu'ils sont fermés. Enfin, le pilastre dans lequel on renferme le volet lorsque la boutique est ouverte, se recouvre par une porte (k) fixée par des charnières plates sur le côté (l) du pilastre, et qui est munie d'une petite serrure ordinaire, pour fermer cette espèce de placard.

Les figures 260, 261, représentent la fermeture des portes de boutique. Ces portes, qui sont toujours vitrées, se recouvrent d'une planche fixée par des crochets et traversée par des boulons à clavette, ou par une barre aussi boulonnée par ses deux bouts à travers les montans de la porte. Les crochets, qui servent à fixer d'abord le volet, sont de différentes espèces : la fig. 261 en offre un exemple. Celui (m) placé à la traverse supérieure de la porte, se compose d'une pièce plate coudée à double équerre, dont le bout recourbé entre dans une entaille faite à une petite plaque de tôle vissée sur la porte.

Les figures 262 et 263 présentent la fermeture à planches rapportées; elles tiennent, à la partie supérieure, par des goujons en fer vissés sur la planche, et que l'on fait entrer dans des trous pratiqués à la pièce de bois (n) qui forme la traverse supérieure du grand châssis : les planches, qui se rapportent ordinairement à coulisse, sont ensuite tenues par des barres de traverse semblables à celle (f) de la fig. 258, ou par des boulons à clavette.

Les figures 264 représentent les poignées que l'on fixe sur les planches pour les saisir plus facilement et les présenter successivement aux places qu'elles doivent occuper.

DE LA FERMETURE DE SURETÉ.

DES SERRURES EN GÉNÉRAL.

On nomme serrure, un mécanisme au moyen duquel on peut interdire l'entrée des édifices, défendre l'ouverture d'une caisse, d'une armoire, etc. L'invention de ces

machines remonte à la plus haute antiquité; leurs formes ont été variées de mille manières, afin de les approprier aux divers cas qui pouvaient se présenter. Nous allons en examiner les différentes espèces consacrées par l'usage, et quelques-unes de celles qu'il conviendrait d'adopter.

La plus simple est le *loquet*; il peut être ouvert au moyen d'une bascule, en sorte qu'il n'opère point la fermeture, et ne sert qu'à retenir la porte à sa position, lorsqu'elle est close; il peut aussi fermer avec une clef, et alors on ne peut pas l'ouvrir sans le secours de cette clef.

Le *bec de canne*, qui est proprement la première serrure, se compose d'une pièce coulante, poussée par un ressort, et mise en mouvement par un bouton ou par une clef. On la nomme aussi *demi-tour*.

La serrure à *tour et demi* est une sorte de serrure en bec de canne, dont le pêne est constamment poussé au dehors par un ressort, comme dans le demi-tour, et qui est aussi disposée de manière à ce que le pêne se pousse au dehors par un tour de clef, alors le ressort cesse d'agir sur le pêne.

La serrure à *pêne dormant*, est celle dont le pêne ne sort que quand il est poussé par la clef; elle peut être à un ou à deux tours, suivant que la clef fait un ou deux tours pour la fermer.

La serrure à *deux tours et demi* est composée de la serrure à pêne dormant, et du bec de canne réunis. Le pêne dormant est mis en mouvement par deux tours de clef, et le pêne coulant, ou bec de canne, est mu par un demi-tour de clef; quelques serrures de cette espèce portent un verrou, que l'on pousse pour se fermer intérieurement.

Dans quelques serrures la clef est forée, c'est-à-dire que la partie cylindrique est percée d'un trou qui en fait une espèce de canon, alors la serrure porte une broche qui entre dans ce canon, et dirige la clef, dont elle forme le centre de mouvement; on leur donne le nom de serrures à broches. Dans d'autres, la clef n'est point forée, et son extrémité, formée en bouton, tourne dans un trou pratiqué au fond de la boîte, alors le corps de la clef est dirigé dans un canon qui tient à l'un des fonds de la boîte. On nomme cette espèce *serrures bénardes;* elles s'ouvrent des deux côtés, en introduisant la clef dans des trous faits l'un vis-à-vis l'autre.

Il existe une troisième espèce mixte, dont les clefs ne sont point forées, et qui ne s'ouvrent que d'un côté.

Les serrures précédemment indiquées forment un genre particulier, qui se distingue par un caractère qui leur est commun. C'est que les pênes, de quelque espèce qu'ils soient, sortent tous de la serrure, et entrent dans une pièce, que l'on nomme la *gâche*. Ces gâches sont à scellement, à pointes ou à vis, selon la manière dont on les applique aux baies des bâtimens.

Il existe un autre genre de serrures dont les pênes restent constamment enfermés dans la boîte, alors il faut que la pièce qui leur sert de gâche porte des anneaux plats, qui entrent par des ouvertures dans le corps de la serrure. On les nomme *auberons;* ils varient de forme selon la disposition des pênes.

Parmi ces serrures, il y en a que l'on applique au dehors, et dont l'auberon est attaché à une pièce mobile, qui tient à celle que l'on veut joindre par la serrure. Cette pièce se nomme le *moraillon*. Les serrures de coffre, les cadenas et les serrures qui fixent le fléau des portes cochères, sont de ce genre.

Le *cadenas* est une serrure mobile qui ne tient à aucune pièce. Il se compose d'un mécanisme semblable à celui des serrures, auquel est attaché un anneau ou anse, qui est à charnière d'un bout, et porte un auberon de l'autre, lequel auberon entre dans la serrure. Quelques cadenas, au lieu de charnières, reçoivent l'un des bouts de l'anse dans un trou où la tige peut glisser, en sorte que l'anse s'élève parallèlement à elle-même.

Il y a enfin un troisième genre de serrure, que l'on nomme *serrure à combinaison;* elle se compose d'un mécanisme dont les pièces doivent s'ajuster dans certaines positions pour que la serrure puisse s'ouvrir; ces positions varient au gré du possesseur de la serrure, et il peut conserver seul le secret de la situation qu'il leur a fait prendre. Or, comme elles peuvent se disposer d'un très-grand nombre de manières, il serait presque impossible que celui qui voudrait ouvrir la serrure tombât précisément sur la combinaison adoptée.

Dans ces serrures, les unes s'ouvrent à l'aide d'une clef, d'autres n'ont point de clef et s'ouvrent d'elles-mêmes lorsque la combinaison a été convenablement placée : on construit aussi des cadenas de ce genre.

Nous ne parlerons pas d'un dernier moyen de fermeture qui a pris le nom de *secret*, parce qu'il faut agir d'une certaine manière cachée pour parvenir à les ouvrir : ces secrets, une fois découverts, ne présentent plus aucune sûreté et deviennent inutiles; car, il faudrait, pour la sécurité de celui qui en fait usage, qu'il l'eût construit lui-même et qu'il ne le communiquât à personne, ce qui est impossible.

Avant de passer à la description des serrures que nous avons prises pour exemple, il nous paraît convenable d'établir la nomenclature des pièces qui constituent ces sortes de mécanismes, afin que la désignation en devienne plus facile.

DES DIFFÉRENTES PIÈCES QUI ENTRENT DANS LA COMPOSITION D'UNE SERRURE, DE LEURS NOMS ET DE LEURS FONCTIONS.

Toute serrure est renfermée dans une boîte de fer, sur les parois de laquelle les pièces immobiles sont fixées : on la nomme *palâtre*.

Elle se compose d'un fond ordinairement rectangulaire sur lequel sont assemblés des côtés relevés; le plus haut, à travers lequel passent les pênes, se nomme le *rebord;* les trois autres, composés d'une pièce coudée deux fois à angle droit, se nomment la *cloison*. Cette cloison est arrêtée sur le palâtre par de petites queues saillantes que l'on nomme *étoquiaux;* ils sont rivés sur le palâtre et la cloison, qu'ils assemblent solidement.

Le *pêne* est, en général, une sorte de verrou auquel la clef donne le mouvement; il y en a de différentes espèces.

Le *pêne dormant*, est celui qui ne se meut que par l'action de la clef; il peut être simple ou fourchu, selon que la tête, c'est-à-dire, le bout qui entre dans la gâche, est d'un seul morceau ou forme plusieurs dents : on nomme *barbes* du pêne, les parties saillantes sur lesquelles la clef exerce son action pour le faire mouvoir; il est ordinairement retenu et guidé 1°. du côté de la tête, par le trou du rebord à travers lequel il passe ; 2°. dans un petit crampon fixé à vis sur le palâtre et que l'on désigne par le nom de *picolet ;* la queue du pêne porte des entailles que l'on nomme *encoches,* dans lesquelles tombe un *ergot* qui termine un ressort appelé l'*arrêt du pêne ;* une autre pièce, qui a les mêmes fonctions, est aussi fixée sur le palâtre : on la nomme *gâchette ;* elle est pressée par un petit ressort.

On place, dans la serrure, certaines pièces de tôle contournées qui s'accordent avec les découpures faites à la clef : on les nomment *gardes* ou *garnitures.*

La clef se compose de l'*anneau* où l'on applique la main, *du canon* lorsqu'elle est forée, ou du *bout* lorsqu'elle appartient à une serrure *bénarde,* et du *paneton,* qui est la partie plate agissant sur le pêne : la partie plus épaisse du paneton se nomme le *museau.*

Les entailles faites au paneton prennent divers noms selon leur position : celle qui est près du canon au bout de la clef se nomme *bouterolle ;* les autres, qui lui sont parallèles, se nomment les *rouets ;* celles pratiquées dans le museau de la clef sont les *rateaux,* et, lorsque la fente du milieu se prolonge jusqu'au canon, on l'appelle *planche ;* toute autre entaille est désignée par le nom de *pertuis :* les panetons prennent diverses formes ; il y en a qui représentent une s, un 3, un 5, etc. Le canon d'une clef n'est pas toujours percé d'un trou cylindrique ; il y en a en trèfle, en fer de lance, en tiers point ou triangle, en cœur, à double canon, etc. ; tous ces trous s'accordent avec les broches, qui ont les mêmes formes que le canon. Quant aux entailles du paneton, elles reçoivent des pièces fixées dans l'intérieur de la serrure et qui doivent s'accorder avec elles en se contournant circulairement pour suivre le mouvement de la clef.

Tout le mécanisme est recouvert par une plaque de tôle que l'on nomme la *couverture* ou le *fond,* et qui forme le dessus de la boîte ; quelquefois, au lieu d'une plaque qui recouvre entièrement, il n'y a qu'une petite pièce de tôle qui reçoit la clef et porte les garnitures : on la nomme le *foncet.*

On nomme *course du pêne,* la quantité dont il sort de la serrure.

Il y a des serrures à plusieurs fermetures.

DESCRIPTIONS DES DIFFÉRENS GENRES DE SERRURES.

DU LOQUET.

On nomme *loquet,* une fermeture composée d'une pièce longue tournant autour d'un centre et terminée par un crochet qui tombe sur une cheville fixe et s'y engage. Cette espèce de levier est soulevé, dans certains cas, par une petite bascule sur laquelle on appuie le pouce ; d'autres, on est obligé de se servir d'une clef, alors il devient une sorte de serrure, qui ferme de manière à ne pouvoir être ouverte sans le secours de moyens extérieurs. C'est le moins sûr de tous les moyens de fermetures, car, avec le plus mauvais crochet, on peut soulever le loquet. Nous n'avons pas donné de figure de

ce genre de serrure, qui est assez connu et rarement employé, si ce n'est pour les portes de jardins ou autres dont la fermeture n'a aucune importance.

DU BEC DE CANNE A BOUTON.

Le bec de canne (fig. 265) ne se compose que d'un pêne coulant (a) constamment poussé hors de la serrure par un ressort (b) : il est mis en mouvement par un tourniquet (c) que l'on fait agir en tournant les boutons (d) ; il est guidé dans deux picolets (e é) fixés sur le palâtre ; dans quelques serrures il est ouvert au-dedans par un bouton, et au-dehors par une clef ; alors elle devient une serrure à demi-tour.

DE LA SERRURE BÉNARDE A TOUR ET DEMI.

Les fig. 266 et 267 représentent une serrure à tour et demi. La clef entre des deux côtés (c'est une serrure bénarde), elle n'est point forée ; le pêne (a) est guidé par le trou du rebord qui reçoit la tête, et par le picolet (b) ; ce pêne porte un ressort (c) (fig. 267) appuyant sur une gâchette (d) : cette dernière pièce porte une encoche qui s'engage dans un petit tenon (e) fixé au palâtre ; sur le pêne est montée une pièce (f) (fig. 268 et 269) que l'on nomme la coulisse ; elle y est assemblée par un tenon (g) qui passe à travers la queue du pêne et se trouve retenu par une goupille (h) (fig. 266) ; le tenon (g) passe au travers du palâtre et fait partie de la coulisse (i) qui couvre l'entaille (k), dans laquelle joue le tenon pour suivre les mouvemens du pêne ; cette pièce (i) porte un bouton (l), à l'aide duquel on fait mouvoir le pêne ; la partie qui reçoit la clef est recouverte par un foncet (m), fixé sur le palâtre par les deux vis (n), et portant un canon (o), qui sert à diriger la clef.

Lorsque l'on veut fermer la serrure soit en dedans, soit en dehors, on fait agir la clef sur les barbes (p) du pêne, ce qui, en forçant le ressort (c), soulève la gachette (d) (fig. 267) : cette gâchette franchit ainsi le tenon (e), et le pêne est transporté à l'extrémité de sa course ; la gâchette retombe alors, et son encoche reçoit le tenon (e), en sorte que le pêne ne peut plus retourner en arrière. Lorsqu'on veut ouvrir la serrure, la clef produit l'effet contraire, c'est-à-dire, qu'elle soulève la gâchette, la fait sortir du tenon (e), et transporte le pêne à sa position première, en agissant sur la seconde barbe (p') : en cet état, si on continue à tourner la clef dans le sens où elle ouvre la serrure, elle agit derrière la barbe (p) du pêne, et force le ressort (q) ; le pêne est alors entièrement rentré dans la serrure et affleure le rebord (r) ; il est borné dans sa course par la seconde barbe (p'), qui vient porter contre le picolet (b) ; aussitôt qu'on lâche la clef, le ressort (q) agit et repousse le pêne. La tête de cette dernière pièce est formée en plan incliné comme un bec de flûte ; ce qui fait que quand on pousse la porte le pêne glisse sur la gâche en reculant, et sort de la serrure aussitôt qu'il a franchi le rebord de cette même gâche dans laquelle il entre.

Telle est la construction ordinaire du bec de canne à tour et demi ; la disposition des pièces varie cependant un peu, mais en restant toujours fondée sur le même principe.

La figure 268 présente la serrure vue par-dessus ; celle 269 offre la coulisse et son bouton.

DE LA SERRURE BÉNARDE A CLEF ET A BOUTON.

La serrure représentée par les figures 270, 271 et 272, est un composé des deux précédentes; la clef n'agit sur le pêne que pour lui faire faire un tour, et c'est au moyen d'un tourniquet à bouton que l'on fait le demi-tour. Du reste, le pêne porte, comme celui de la serrure 266 et 267, une gâchette (a) et son ressort (b); la gâchette (a) offre un arrêt (c) qui se place derrière un tenon (d) fixé sur le palâtre, et lorsqu'elle est dégagée, le tourniquet (e) agit sur une pièce (f) tournant sur le centre (g); cette pièce, engagée dans une encoche (h) faite à la gâchette, est constamment poussée par le ressort (i).

Il suit de cette disposition que la clef, en tournant, soulève la gâchette (a), la dégage de la pièce (f), et agissant sur la barbe (k) du pêne, le porte, ainsi que la gâchette qui y est fixée, à une position telle que quand la gâchette retombe, l'arrêt (c) passe derrière le tenon (d) fixé dans le palâtre.

Sur trois points de la cloison sont brasées des pattes (l) percées au centre, et recevant les vis qui fixent la serrure sur la porte.

La serrure est couverte par un foncet (m); le pêne est guidé dans un picolet (n).

La figure 270 offre la serrure entière; celle 271 montre le palâtre et toutes les pièces qui y sont fixées; celles 272 donnent la forme du pêne, de la gâchette et de son ressort.

DES SERRURES DITES DE SURETÉ.

Les figures 273, 274, 275, 276, 277, 278, 279 et 280 représentent la serrure ordinaire d'appartement: elle est à broche et s'ouvre des deux côtés. Elle se compose d'un pêne dormant (a) et d'un pêne coulant (b), mis successivement en mouvement par la clef.

Le pêne (a) est guidé par la tête dans le rebord (c), au travers duquel il passe, et du côté de la queue par une entaille (d) qui reçoit un tenon (e) rivé sur le palâtre. L'extrémité du tenon porte un écrou (f) qui recouvre l'entaille et empêche le pêne de sortir de son guide. Sur le palâtre est fixé au point (g), une cheville qui reçoit l'anneau du ressort d'arrêt (h); ce ressort se divise en deux parties, l'une (i), qui est véritablement le ressort agissant par son élasticité, et qui s'appuie contre la cloison (k); l'autre (l), qui est rigide et porte le petit ergot d'arrêt (m) destiné à entrer dans les encoches du pêne, ainsi que l'espèce d'ancre (n) sur laquelle la clef agit pour soulever le ressort et le faire sortir des encoches du pêne. Outre ce ressort, et comme sûreté de plus, il se trouve derrière le pêne une gâchette (o) (*fig.* 273 et 274) tournant autour du centre (p) et pressée par le ressort (q); dans les encoches (r) de cette pièce (fig. 274), s'engage le petit tenon (s) (*fig.* 273 et 276) fixé sur le pêne; cette gâchette est soulevée par la clef en même temps que le ressort d'arrêt.

Comme le pêne dormant doit pouvoir être mis en mouvement par la clef en dedans et en dehors, il porte deux systèmes de barbes : les premières (t) (fig. 276) sont destinées à l'action de la clef, lorsqu'on ouvre du dehors, c'est-à-dire lorsque la clef tourne sur le centre (u), les autres (v) reçoivent l'action de la clef lorsqu'elle tourne sur le centre (x).

Le pêne porte une pièce (y) que l'on nomme l'*équerre,* à cause de sa forme; elle est fixée par une vis (z) (273 et 278) qui lui sert de centre. L'une de ses branches (a') entre dans une entaille pratiquée dans le pêne coulant (b); l'autre branche (b'), qui est un peu courbée à son extrémité, reçoit l'action de la clef. Cette équerre, en tournant, donne le mouvement au pêne coulant, qui est constamment poussé par le ressort (c'). Le pêne (b) porte une coulisse à bouton (d'), dont le tenon passe à travers la partie inférieure de la cloison; le pêne coule dans le picolet (e').

La clef représentée figure 280, fait voir que les garnitures sont assez compliquées; elles se composent de deux rouets (f') formés en croix, et d'une planche (g') de même disposition; cette planche est assujétie et fixée au milieu de l'épaisseur de la serrure par deux vis (h'). Les garnitures ne sont formées que pour l'entrée de la clef qui répond au-dehors de l'appartement, c'est en effet le seul point où il faut établir la sûreté.

Le jeu du mécanisme que nous venons de décrire, n'est pas difficile à concevoir si l'on a bien entendu celui des premières serrures. En effet, lorsqu'on a introduit la clef, soit d'un côté ou de l'autre, si on la fait tourner elle soulève la gâchette et le ressort d'arrêt en même temps; et le dégage du pêne qui devient libre; alors elle agit sur les barbes et transporte le pêne qui entre dans la gâche; la même opération a lieu pour le second tour. Lorsqu'on l'ouvre, l'effet contraire se produit, et quand le pêne dormant (a) est rentré tout entier dans la serrure, la clef agit sur l'équerre (y) qui tire le pêne coulant (b). Ce dernier mouvement n'a lieu que quand la clef est reçue par l'entrée extérieure (i'): il serait inutile au-dedans, puisque le pêne coulant peut être mis en mouvement à l'aide du bouton (d') de la coulisse.

La figure 279 représente la couverture garnie de son canon d'introduction, qui passe au travers du bois de la porte, et se termine à une pièce de tôle que l'on applique sur l'extérieur. Cette pièce est percée d'un trou de même forme que le paneton de la clef; on la nomme *entrée :* elle est ordinairement ornée de quelques découpures dans lesquelles on place des vis qui l'assujétissent sur la porte.

La figure 275 offre le plan et l'élévation de la planche qui porte les garnitures du milieu du paneton de la clef; celle 276 donne le détail du pêne dormant; celle 277 présente le plan et la vue de face du ressort d'arrêt; celle 278 est le détail de l'équerre. Telle est la serrure de sûreté ordinaire à deux tours et demi. Nous allons en décrire une plus compliquée, mais parfaitement analogue à la précédente, quant à sa composition.

La serrure représentée figure 281, 282, 283 et 284, ne diffère de la précédente qu'en ce que le pêne dormant est à tête fourchue; la gâchette est placée de manière que son centre est au point (c'). Nous nous contenterons d'indiquer les pièces par des lettres qui puissent les faire reconnaître.

(a) le pêne dormant, (b) le ressort d'arrêt avec son ancre, (c) la gâchette, (d) le ressort de la gâchette, (d') le picolet du pêne dormant, (e) la vis du picolet, (f) les barbes du pêne dormant, (g) l'équerre du pêne coulant, (h) le pêne coulant, (i) le picolet du pêne coulant, (k) la vis du picolet du même pêne, (l) le ressort de ce pêne, (m) l'entrée extérieure de la serrure, (n) l'entrée intérieure, (o) la couverture garnie de son canon, (p) la pièce qui porte la broche de la clef pour l'entrée intérieure, (q) la coulisse à bouton du pêne coulant, (r) les pattes pour fixer la serrure sur la porte au moyen de trois vis, (s) les garnitures; elles sont assez compliquées et se composent de deux rouets (t), et d'une planche (u) garnie de pièces courbes qui entrent dans les pertuis (v), (x) la pièce qui porte la broche de l'entrée extérieure; elle a la forme d'un patère appliqué sur le palâtre, (y) le palâtre, (z) la cloison, (a') le rebord. La figure 281 offre la serrure couverte; toutes les pièces ont été ponctuées. Celle 282 présente une coupe générale suivant un plan passant par le centre de l'entrée extérieure et marquée AB dans la figure précédente; 283 présente l'extérieur du palâtre en dedans de l'appartement; 284 donne la forme de la clef et de ses entailles recevant les garnitures.

Les figures 285, 286, 287, 288, 289, 290, 291, 292, 293, 294, offrent un exemple d'une serrure de sûreté à tourniquet et à bouton; la disposition est à peu près semblable aux deux précédentes dans le plus grand nombre de ses parties. Le pêne dormant (a) est retenu par un ressort d'arrêt (b) seulement, et il n'y a point de gâchette derrière comme dans les premières : la clef ne sert que pour fermer les deux tours du pêne dormant, et c'est au moyen d'un tourniquet (c) que l'on tire le pêne coulant; cette dernière pièce (c) est mise en mouvement par deux boutons en olive, placés des deux côtés de la porte; la serrure est encore garnie d'un petit verrou (d), contre lequel appuie le ressort (b); les garnitures sont peu compliquées, elles se réduisent à deux rouets et une planche dont le cercle intérieur, qui enveloppe le canon de la clef, est garni d'une petite croix dont on peut voir la figure en jetant les yeux sur le paneton de la clef (fig. 294).

Nous nous contenterons de désigner les pièces qui composent le mécanisme; quant à leur jeu, il est le même que dans les deux autres serrures, aussi nous dispenserons-nous d'une répétition inutile. Les mêmes lettres indiquent les mêmes pièces dans les différentes figures.

(a) le pêne dormant; il est à tête fourchue et est guidé par les trous du rebord et par un tenon rivé sur le palâtre, (b) le ressort d'arrêt, (c) le tourniquet qui donne le mouvement au pêne coulant, (d) verrou que l'on pousse pour s'enfermer plus sûrement : il ne peut être mis en mouvement que dans l'appartement; (e) (et fig. 292) picolet qui guide la marche du verrou, conjointement avec le trou à travers lequel il passe dans le rebord, (f) le rebord de la serrure, (g) le pêne coulant, (h) (et fig. 293) le picolet du pêne coulant, (i) le ressort de ce même pêne, (k) la planche qui forme la garniture du milieu du paneton de la clef. Toutes les autres figures donnent les détails des principales pièces : elles y sont désignées par les lettres précédentes. La figure 287 fait voir le dessous de la couverture, et montre que cette pièce est fixée par deux vis, l'une (l) qui passe au travers du rebord (f); l'autre (m) passe au travers du petit côté de la cloison opposé au rebord (f). La figure 294 représente la clef.

Cette serrure convient aux portes des magasins ou des boutiques, car lorsqu'on a ouvert le double tour, elle devient une sorte de bec de canne à tourniquet, et peut, sans le secours de la clef, s'ouvrir dedans et dehors.

La serrure représentée figures 295, 296 et 297, et que l'on nomme assez improprement *verrou de sûreté*, n'est autre chose qu'une serrure à pêne dormant. La figure du paneton de la clef représente le chiffre 3. On a pensé, par ce moyen, défendre l'introduction d'un crochet ou d'un rossignol; mais les malfaiteurs sont de trop bons serruriers pour ne pas vaincre sans peine d'aussi légères difficultés. Une autre disposition présente encore une précaution à peu près inutile, c'est de faire entrer la clef à deux fois; l'entrée dans le bois est verticale, et lorsque la clef touche à la couverture, on est obligé de lui faire faire un quart de tour entre le bois de la porte et la couverture pour l'introduire dans la serrure, dont le trou d'entrée est horizontal; au reste, le mécanisme se compose d'un pêne dormant (a), retenu par un ressort d'arrêt (b). La serrure est à double tour, toutes ses garnitures se réduisent à deux rouets; le ressort d'arrêt peut être soulevé par un bouton (c), pour le dégager des encoches qui le reçoivent, alors on peut pousser le pêne dont la queue sort de la serrure et porte un bouton (d). La figure 296 montre le verrou vu par-dessus. La figure 297 représente la clef.

Les différentes serrures dont nous venons de donner la description, ne présentent que de légères différences : elles sont toutes construites sur les mêmes principes; nous allons maintenant examiner d'autres compositions qui présentent des avantages particuliers.

La première, représentée par les figures 298, 299, 300, 301, 302, 303, 304, 305, 306, est de l'invention de Edgeworth, anglais. Elle se compose principalement d'un pêne coulant de disposition particulière et que nous allons décrire.

Le mécanisme est monté sur un palâtre sans cloison ni rebord. La pièce la plus importante et qui établit la différence entre cette serrure et les autres, consiste dans un pêne coulant (a), composé d'un bec mobile (b), formant le plan incliné qui glisse sur la gâche; cette pièce (fig. 299) tourne autour du centre (c) sur une cheville (d) qui lui sert d'axe et qui passe au travers des deux supports (e) fixés sur le palâtre; cette cheville traverse aussi le bec (b) dans toute sa hauteur; l'autre extrémité de la pièce (b) est encore assemblée par une charnière (f) avec le corps (a) du pêne; sur cette dernière pièce est fixée à vis un coq (g), dont la tête porte une tige ronde (h) parallèle au pêne; cette tige ou broche entre, par son extrémité (i), dans un trou pratiqué au travers de la tête d'un autre coq (k), fixé à vis sur le palâtre et dirige, conjointement avec la charnière (f), le mouvement du pêne, mais elle lui permet de faire un léger mouvement d'oscillation auquel il est assujéti par sa construction, comme nous le verrons bientôt; le levier (l), monté à carré sur la broche (m) d'un bouton à anneau ou à olive, entre dans une encoche (n) du pêne, et sert à lui donner le demi-tour en forçant sur le ressort à boudin (o); ce ressort agit en poussant le coq (g), et s'appuyant sur celui (k), de sorte qu'il force constamment le pêne à sortir de la serrurc. Le pêne (a) porte encore une seconde encoche (p), dans laquelle entre la tête d'un petit pêne dormant (q), dont la disposition est entièrement semblable à celles des autres de même espèce, mais qui est vertical au lieu d'être horizontal comme dans les serrures ordinaires. En effet, il est guidé par un tenon (r) fixé au palâtre, lequel est reçu par l'entaille (s) qui dirige la marche du pêne (q); celui-ci est armé de barbes (t), sur lesquelles la clef agit pour le faire monter ou descendre, et reçoit, dans ses encoches, l'ergot du ressort d'arrêt (u) fixé au palâtre; cette espèce de petite serrure, qui n'est qu'une partie de la serrure totale, est couverte par un foncet (v) fixé sur le palâtre par les vis (x); cette pièce (v) reçoit aussi l'axe (m) du levier (l), et lui sert de second colet, le premier se trouvant dans le palâtre. Au-dessus du ressort à boudin se trouve une coulisse à bouton (fig. 306), dirigée dans deux entailles (y et z) faites au palâtre; la première (y) ne sert qu'à diriger sa marche; elle reçoit un tenon (a') terminé par une tige ronde, que l'on entre dans une petite rondelle (b'), retenue par la goupille (c'); le tenon (d'), qui passe à travers l'entaille (z), est de forme rectangulaire pour toute la partie noyée dans l'épaisseur du palâtre, mais il prend ensuite la forme d'une losange, et cette portion reçue dans l'entaille (e') d'une pièce ou coulisse (f') dont la queue (g') est dirigée entre deux petites règles (h'): l'extrémité du tenon (d') est cylindrique et entre dans le trou d'une petite rondelle (i'), retenue par une goupille (k').

Le jeu de cette serrure est facile à saisir; en effet, si l'on suppose le pêne dormant (q) sorti de l'encoche (p), le pêne coulant (a) sera libre, et en faisant agir le levier (l), à l'aide du bouton ou de l'anneau, on lui imprimera le mouvement nécessaire pour sortir de la gâche; alors le bec (b) se placera entre les deux supports (e), qu'il affleurera, en tournant autour de la charnière (d); ce qui fera, en même temps, ployer la charnière (f): dans ce mouvement le pêne entraînera la broche (h) qui fait corps avec lui; elle glissera dans le trou de la tête du coq (k) et le ressort à boudin (o) se trouvera comprimé entre les têtes des deux coqs (g et k) qu'il tend à écarter. Si l'on cesse de forcer le bouton, le ressort (o), s'appuyant sur le coq (k), réagira sur le coq (g) et poussera le pêne au dehors de la serrure: si l'on veut rendre le pêne (a) immobile, on fera agir la clef qui forcera le pêne dormant (g) à entrer dans l'entaille (p), et la serrure sera fermée pour le dehors; comme la clef n'a d'accès que depuis le dehors, lorsqu'on voudra se fermer au-dedans, on poussera la coulisse (fig. 306) comme si cette coulisse était faite pour un verrou, et le plan incliné du losange formé sur le tenon (d'), agissant sur l'entaille oblique (e') de la pièce (f'), fera descendre cette pièce; lorsqu'elle sera parvenue à son dernier point d'abaissement, elle couvrira le trou de la tête du coq (k), et la broche (h), qui affleure ce trou, ne pouvant plus reculer, il sera impossible de faire mouvoir le pêne (a).

La petite serrure intégrante à pêne dormant peut recevoir des garnitures assez compliquées pour la rendre très-difficile à crocheter, et ce moyen de fermeture aura toute la sûreté possible.

Le principal avantage de cette pièce se trouve dans la construction du pêne: la double charnière de la tête fait qu'il glisse avec la plus grande douceur sur la gâche, et le plus léger mouvement imprimé à la porte, suffit pour la fermer; le mécanisme en est d'ailleurs assez simple et de facile construction. Les figures 299 représentent le pêne (a) vu sous ses différens aspects; celles 300 offrent le petit pêne dormant (q); la figure 301 représente la couverture vue de champ; celle 302, le ressort d'arrêt du pêne (q); celle 303, la coulisse (f); 304 montre les différentes vues de l'anneau à l'aide duquel on fait tourner l'axe (m), enfin 305 donne le détail de ce même axe (m).

La serrure représentée par les figures 307, 308, 309, 310, 311, 312, 312 *bis* et 313, est de la composition de MM. Jappy, à qui nous devons déjà des vis à bois si parfaites, et dont la fabrique livre au commerce des mouvemens d'horlogerie excellens et à des prix très-modérés.

Le tour est de tous les moyens d'exécution le plus exact et le plus prompt, aussi est-ce le principal outil dont les frères Jappy fasse usage dans leur fabrication. L'uniformité des produits, on peut dire même leur parfaite identité, tient à cet agent mécanique, le plus puissant peut-être pour donner à une matière, de quelque dureté qu'elle soit, les formes les plus élégantes et les plus précises; ces habiles fabricans, pénétrés de cette vérité, ont cherché à réduire presque toutes les parties d'une serrure à une forme qui permette de les exécuter au moyen du tour.

Le mécanisme de cette serrure, la seule peut être qui ait une forme ronde, se compose: 1°. d'un pêne dormant (a) retenu dans une gorge circulaire qu'il remplit exactement; 2°. d'un bec de canne (b) de même forme et placé dans la même gorge au côté opposé de la serrure. Le pêne (a) porte deux entailles semi-circulaires (c), dont la rencontre (d) forme une pointe qui est la seule barbe nécessaire à son mouvement: sur le fond de la gorge est fixée une gâchette (e) poussée par le ressort (f), fixé au moyen d'une vis (g) sur l'extrémité opposée à son centre de mouvement; les encoches (h, h, h) de cette gâchette reçoivent une pièce d'arrêt (i) fixée sur le pêne; un ressort (k) pousse légèrement le pêne contre la paroi extérieure de la gorge, et produit un frottement suffisant pour qu'il ne tombe pas de lui-même quand la gâchette est dégagée de son arrêt. Le pêne coulant ou bec de canne (b) reçoit, dans une encoche (l), l'extrémité d'un levier (m) dont le centre de mouvement est placé au centre de la serrure; un ressort (n) pousse l'extrémité (o) du levier (m) et force le pêne (b) à sortir de la serrure. La course du pêne est bornée par la vis qui fixe le ressort (n) et contre laquelle vient s'appuyer ce même levier (m): l'axe de cette dernière pièce traverse la serrure et porte, à ses extrémités, deux petites manivelles sur lesquelles on agit pour le faire tourner et donner le mouvement au bec de canne.

Lorsqu'on veut fermer la serrure, on fait tourner la clef, dont le panneton soulève la gâchette et agit sur les barbes du pêne (a); il se meut dans la gorge circulaire qui le reçoit, et sort de la serrure pour entrer dans la gâche (p); un second tour produit le même effet, et la serrure est fermée. Lorsqu'on l'ouvre, l'effet contraire a lieu, et lorsque les deux tours de clef sont faits, il ne reste plus qu'à agir sur les petites manivelles (q) pour dégager le bec de canne (b).

X. brûlée complètement en 1814 par les troupes alliées

La figure 308 donne la coupe de la serrure : elle fait voir les épaisseurs du pâlâtre et des différentes pièces du mécanisme ; l'axe est aussi découvert tout entier, ce qui montre ses extrémités taillées à huit faces pour recevoir les centres des manivelles.

La figure 309 donne l'intérieur de la serrure, dégagée du levier, de la gâchette et de la planche qui forme une partie des garnitures.

La figure 310 représente une face de la serrure, celle 311 en donne le plan.

La figure 312 offre la clef : l'inspection du panneton fait voir que les garnitures se réduisent à une bouterolle (r) et une planche (s) formant la croix ; quoique ces garnitures soient simples, elles présentent assez de sûreté et défendent suffisamment l'introduction d'un crochet ; la clef est petite et devient par cette raison plus portative.

Ce genre de fermeture convient sur tout aux magasins et aux boutiques : sa forme est agréable et son usage facile et sûr.

Les mêmes fabricans construisent aussi de petites serrures à pêne dormant, disposées pour les commodes et autres meubles. Le mécanisme en est très-simple et sera facilement saisi d'après la description de la serrure précédente ; les figures 313, 314, 315, 316, 317, 318, offrent ce genre de fermeture.

Le pêne (a) est circulaire et repose dans une coulisse de même forme creusée dans le pâlâtre (b) ; cette pièce présente une forme elliptique, dans laquelle le cercle du pêne est tracé ; au-dessous et vers la pointe de l'ellipse, on a creusé un petit cercle (c) qui coupe le premier : c'est dans cette cavité que l'on fait tourner la clef ; le centre est muni d'une petite broche (d) qui dirige le canon de la clef et sert d'axe à son mouvement : Le pêne (a) porte une gâchette (e) tournant sur une petite cheville (f), plantée sur l'extrémité du pêne : elle est pressée par le ressort (g) fixé sur le pâlâtre ; le pêne n'a qu'une seule entaille (h), qui sert de barbe et dans laquelle entre la clef pour lui donner son mouvement : une petite pièce (i) fixée sur le pâlâtre sert à accrocher l'entaille (k) de la gâchette, lorsque la serrure est fermée.

Le jeu de cette petite pièce est facile à comprendre : la clef, en tournant, entre dans l'encoche (h), et soulève en même temps la gâchette (e) : le pêne et la gâchette se trouvent transportés, le premier sort de la serrure et entre dans la gâche, la seconde tombe et s'accroche dans la petite pièce (i) : le retour du pêne devient alors impossible sans le secours de la clef.

Le mouvement de cette petite serrure est très-doux : elle peut être appliquée à un tiroir, à une armoire et même à un coffre ; car le pêne, en sortant, suit le cercle dans lequel il est guidé, et forme une sorte de crochet qui entre obliquement dans la gâche et ne permet pas au couvercle de se lever ; tout le mécanisme est fixé sur une platine (fig. 316) que l'on assujétit au moyen de quatre vis, sur le tiroir ou autre pièce mobile, ou enfin sur le côté du coffre que la serrure est destinée à fermer. La clef peut entrer sur deux sens différens et perpendiculaires, afin de l'accorder au sens suivant lequel on la pose.

La figure 314 offre le mécanisme à découvert : on a supposé la platine (1) enlevée ; 313 représente une coupe de

tout le mécanisme ; 315 fait voir le pâlâtre débarrassé de toutes les pièces, 316 est le détail de la gâchette, 317 le détail du pêne (a), 318 présente l'extérieur de la serrure du côté de la platine.

DES CADENAS ORDINAIRES.

On nomme cadenas, une sorte de serrure mobile que l'on peut adapter à toutes les baies au moyen de pièces fixes que l'on appelle *pitons*. On peut aussi employer un piton fixé sur le cadre extérieur de la porte, et un moraillon fixé sur la porte même ; voyez les figures 320 et 321, (ces figures sont mal placées et devraient être posées dans une direction horizontale) qui représentent l'élévation et le plan d'un moraillon posé sur une porte ; en sorte que, quand on veut adapter le cadenas, on fait passer le piton (a) dans l'entaille du moraillon (b) et l'on introduit l'anse du cadenas dans le piton ; le moraillon se trouve alors retenu, et la porte (c) est fermée, puisqu'elle est ainsi liée au montant (d) du cadre sur lequel on a placé le piton (a) : le moraillon est percé à son extrémité d'un trou qui reçoit le piton (e) fixé sur la porte. On peut aussi adapter les cadenas à des chaines, pour fixer les bateaux ou les portes battantes, ou enfin les grilles qui n'ont point de serrures.

Les cadenas constituent le second genre de serrure dont nous avons parlé au commencement de cette seconde partie, et dont le caractère distinctif est d'avoir le pêne en dedans.

Les figures 322, 323, 324, 325, représentent un cadenas ordinaire de forme ronde ; la figure 322 fait voir le cadenas ouvert, et présente le mécanisme intérieur, qui se compose du pêne (a) guidé par les deux picolets (b) et (c) et d'un ressort d'arrêt (d) ; la partie (e) qu'on nomme l'anse du cadenas tourne autour d'une charnière au point (f) : son autre extrémité forme un *auberon* (g) qui entre dans la boîte du cadenas et dont le trou carré reçoit la tête du pêne ; il est facile de concevoir que l'anse est retenue par le pêne, lorsque celui-ci est entré dans l'auberon, et qu'alors le cadenas est fermé ; d'après la composition du mécanisme, il ne faut qu'un tour de clef pour opérer l'ouverture ou la fermeture.

Les figures 323 et 324 font voir le profil et le côté de l'entrée de la clef, celle 325 représente la clef.

Les fig. 326, 327, 328 et 329 représentent un cadenas différent du précédent par sa forme seulement, qui au lieu d'être arrondie est pointue, et aussi par la manière dont l'anse est ajustée ; dans celui-ci, au lieu d'une charnière, le côté de l'anse opposé à l'auberon est alongé et forme une tige (f) qui passe au travers du cadenas dans deux trous pratiqués à la cloison ; lorsque le pêne est retiré de l'auberon, on enlève l'anse dont la tige (f) coule dans les trous qui la reçoivent, et le cadenas est ouvert : l'extrémité de cette tige porte un petit bouton (h) qui l'empêche de sortir entièrement. Les figures 327, 328, 329, représentent le profil, le côté de l'entrée et la clef du cadenas.

CADENAS DE MESSIEURS JAPPY.

Après la description que nous avons donnée des serrures de MM. Jappy, on comprendra facilement la composition de leurs cadenas, dont le mécanisme est absolument le même, à de légères modifications près.

Ce cadenas, représenté figures 330, 331, 332, 333, 334, 335, se compose d'un anneau un peu ovale (a), dans lequel on a creusé une gorge circulaire (b), et auquel on a réuni une portion de cercle (c) dans laquelle on fait tourner la clef. La gorge (b) reçoit le pêne ou anse (d), qui est formé d'une portion d'anneau de même dimension que la gorge (b) dans laquelle il se meut; la queue du pêne porte deux encoches (e) qui forment les barbes sur lesquelles agit la clef; la pièce d'arrêt (f) tournant autour du centre (g), est armée d'une cheville (h) qui entre dans deux petites encoches (i) faites au pêne; cette pièce (f) est pressée par le ressort (k) qui fait entrer la cheville (h) dans les encoches (i). La clef, sans garnitures, ou du moins à garnitures très-simples, car elles ne se composent que d'un ou deux rouets (l), ressemble à celles des serrures de tiroirs; elle est forée et reçoit la broche fixée au centre du cercle (c). Comme l'anse a besoin de faire un chemin assez grand pour passer d'un côté à l'autre, il faut faire deux tours de clef pour ouvrir ou fermer.

Le jeu n'est pas difficile à saisir; en effet, le panneton de la clef commence à agir sur la pièce d'arrêt (f), ce qui fait sortir la cheville (h) de l'encoche où elle est engagée; puis, agissant sur un des côtés de l'entaille ou barbe (e), pousse le pêne, et, lorsque cette barbe a été poussée aussi loin que possible, la clef rencontre la seconde encoche (e), qui achève le mouvement du pêne.

Une plaque rivée, de même forme que le palâtre (a), couvre tout le mécanisme et porte l'entrée de la clef.

Ces cadenas, très-simples, sont d'un prix peu élevé et d'une forme très-agréable : ils sont encore peu connus, mais leurs avantages et leur solidité en fera répandre l'usage lorsqu'on aura eu le temps de les apprécier.

Les figures 330 et 331 font voir la forme extérieure du cadenas à plat, et du côté de l'anse; celles 332 et 333 offrent le mécanisme à découvert et les découpures creusées dans le palâtre, pour loger les pièces du mécanisme; celle 334 représente deux vues du pêne, enfin 335 donne la vue, de champ et à plat, de la pièce d'arrêt du pêne.

DES SERRURES A COMBINAISON.

On nomme serrures à combinaison celles dont le mécanisme présente un arrangement de parties, dont la disposition est telle, qu'en variant certaines pièces suivant des conditions particulières et connues de la personne qui possède le secret de sa composition, la serrure s'ouvre, soit à l'aide d'une clef, soit sans le secours d'aucun instrument.

Ces sortes de serrures se divisent donc en deux espèces: dans l'une elles s'ouvrent au moyen d'une clef, dans l'autre, en plaçant les pièces dans une certaine position.

Lorsqu'elles s'ouvrent à l'aide d'une clef, cet instrument est disposé de manière à présenter une forme dont les proportions sont variables et dont le rapport d'étendue est en rapport avec les pièces que la clef fait mouvoir.

Lorsqu'elles s'ouvrent sans clef, leur effet consiste dans la position de certaines pièces mobiles, qui peuvent se présenter dans un grand nombre de situations respectives différentes, et dont certaines positions permettent l'ouverture de la serrure, tandis que toutes les autres en fixent la fermeture.

L'invention des serrures à combinaison paraît remonter à une haute antiquité; les ruines de l'ancienne Égypte ont offert des exemples de ces sortes de serrures s'ouvrant à l'aide d'une clef : celle représentée par les figures 336, 337, 338, a été découverte dans l'un des monumens de la haute Égypte. Elle se compose d'un verrou (a) passant au travers d'une pièce de bois (b) par une mortaise de même forme; sa course est bornée par une encoche (c) dont les deux extrémités viennent s'appuyer contre les bords de la mortaise. Dans la pièce (b) on a pratiqué une cavité (d) recevant une petite pièce carrée en bois (e), placée au-dessus du verrou (a); cette pièce est garnie de chevilles (f) irrégulièrement placées et qui répondent à des trous percés dans le verrou en (h); le verrou est encore percé d'un trou carré (g), suivant sa longueur, et recevant la clef (fig. 338). Cet instrument, qui est aussi en bois, porte à son extrémité des chevilles disposées précisément de la même manière que les trous pratiqués dans le verrou au point (h), afin que les chevilles plantées dans la pièce (e), les trous du verrou au point (h), et les chevilles de la clef, se correspondent parfaitement; on place ces trois pièces l'une sur l'autre et on perce les trous du même coup.

Supposons que le verrou (a) soit poussé jusqu'à ce que le point (i) vienne toucher le point (k) de la mortaise, les trous (g) du verrou répondent alors aux chevilles fixées dans la pièce tombante (e); et cette pièce descendant par son poids, le verrou se trouve arrêté. Maintenant, pour faire mouvoir le verrou il faut se servir de la clef (fig. 338); à cet effet on l'introduit dans le trou (g) du verrou jusqu'à ce qu'elle touche le fond; on la soulève, et comme les chevilles dont elle est garnie répondent aux trous du verrou, toutes les chevilles (f) sont soulevées à la fois; d'un autre côté toutes les chevilles de la clef étant d'une hauteur égale à l'épaisseur de la partie (h) du verrou, ces mêmes chevilles (f) sont soulevées au-dessus du verrou, et en tirant la clef on entraîne le verrou, qui n'est plus retenu par ces mêmes chevilles.

Rien n'est plus simple et en même temps plus sûr que cette serrure, car on ne peut l'ouvrir qu'avec une clef parfaitement semblable à celle qui a été construite avec la serrure; il serait d'ailleurs fort difficile de disposer des chevilles exactement de la même manière que celles de la clef et d'en former ainsi une autre qui pût ouvrir cette même serrure.

Telle est l'origine des fermetures à combinaison, s'ouvrant avec une clef. Nous allons faire voir les dispositions que cette première idée a fait naître, et qui n'en sont que des conséquences.

La serrure représentée par les figures 339 à 345 est encore en usage dans la Normandie : on l'emploie à fermer les portes des champs, et comme toutes ses pièces sont en bois, elle résiste mieux que les serrures de fer aux intempéries des saisons; elle est d'ailleurs fort simple et par conséquent très-peu dispendieuse. Son mécanisme diffère peu de celui de la précédente, quant au principe; il se compose d'une pièce solide (a) percée de

7

cinq petites mortaises (b), taillées à des distances différentes et prises au hasard; dans ces mortaises sont placées de petites pièces (c) (fig. 342) qui présentent la forme d'un petit cadre moins haut que la mortaise dans laquelle on l'enferme; la pièce (a) est fortement assemblée sur une autre pièce (a') que l'on fixe contre la porte. La traverse inférieure (d) des petits cadres (c) tombe dans des encoches formées sur le verrou (e), qui se trouve ainsi arrêté. Lorsque l'on veut faire mouvoir le verrou, on introduit la clef (f), qui présente la forme d'un peigne taillé de la même manière que les mortaises (b); cette clef entre dans tous les cadres (c) à la fois et s'arrête contre le fond (g): lorsqu'elle est ainsi portée jusqu'à la plus grande profondeur de la serrure, on la soulève, et les dents (h), dont elle est armée, agissant simultanément sur les cinq cadres (c), élèvent ces cadres de manière à les faire sortir des encoches du verrou ou pêne (e); alors le pêne devient libre et peut être porté à droite ou à gauche. Il est facile de voir que la sûreté de cette serrure résulte de la distribution des entailles, qui peut être fort arbitraire, et qu'il faudrait connaître pour imiter la clef. Les figures 344 et 345 représentent la clef et le pêne.

SERRURES ÉGYPTIENNE DE M. REGNIER.

Feu M. Regnier, conservateur du Musée central d'artillerie, s'occupait avec succès des fermetures à combinaison, qu'il a su appliquer à un grand nombre d'usages. Celle dont nous allons donner la description, et qu'il a composée d'après le principe de la serrure en bois dont nous venons de parler, est fort ingénieuse de disposition, et en même temps très-simple. Elle consiste en une serrure ordinaire (fig. 346, 347), dont l'entrée de la clef est défendue par une serrure à combinaison (fig. 348, 349, 350, 351, 352, 353, 354, 355).

Cette espèce de cache-entrée se compose d'une platine (a) (fig. 350, 351), sur laquelle tout mécanisme est monté. La pièce (b), qui fait corps avec la platine, sert de guide à la pièce (h) qui cache l'entrée et qui est représentée par les fig. 352 : au-dessous de cette pièce (b) sont placés trois petits barreaux carrés (c) guidés dans trois encoches de même forme, pratiquées dans la pièce (d) qui tient aussi à la platine, en sorte que ces barreaux glissent dans les encoches et tombent par leur poids : le bout inférieur de ces barreaux vient reposer sur la bande fixe (e). La pièce (d) porte, suivant sa longueur, une rainure (f) qui entre de la moitié de son épaisseur, et les trois barreaux sont entaillés chacun d'une encoche (g), (voyez le détail d'un barreau, fig. 353) exactement de même profondeur et largeur que la rainure (f) de la pièce (d); mais les encoches des barreaux sont placées à différentes hauteurs sur ces mêmes barreaux, en sorte qu'il faut les élever chacune de la quantité qui lui convient, pour que les encoches soient exactement placées dans la même ligne que la rainure (f). Si nous revenons maintenant à la pièce (h) (fig. 352), nous verrons qu'elle est formée principalement d'un peigne à trois dents (i) ayant chacune la forme d'un petit segment de cercle, et dont les distances sont précisément égales à celles des trois barreaux (c); cette même pièce porte une rainure (k) qui sert à guider son mouvement, et reçoit la barre (b). Les différentes pièces que nous venons

de décrire constituent le mécanisme; nous allons examiner leurs rapports et la manière dont elles produisent leur effet.

Supposons que la pièce (h) soit placée sur la platine (a) de manière que la pièce saillante (b) entre dans la rainure (k); alors les dents (i) du peigne se trouveront dans la rainure (f) de la pièce (d). Le tout étant recouvert par la boëte (l) (fig. 348, 349), le mécanisme sera entièrement renfermé. Sur la pièce (h) se trouve un petit bouton carré saillant (m) (fig. 352 et 348), qui entre dans un trou carré (n): on nomme cette pièce l'onglette, elle sert à faire mouvoir la pièce (h) à droite ou à gauche; la partie supérieure (o) de cette même pièce (h) est celle qui se présente devant l'entrée (p), pour défendre l'introduction d'une clef et d'un crochet.

Pour faire entendre le jeu de la combinaison, concevons que la pièce (h), qui, comme nous l'avons dit, peut glisser et se mouvoir horizontalement, soit poussée à gauche, les dents (i) du peigne seront placées dans les trois intervalles (fff), et les barreaux étant tombés, comme le marque la fig. 358, les trois dents seront arrêtées par ces barreaux, et la pièce (h), fermant l'entrée, ne pourra se mouvoir vers la droite; mais si on soulève les trois barreaux (c) de manière que leurs entailles (g) répondent à la rainure (f) de la pièce (d), les dents du peigne ne seront plus arrêtées, et si l'on agit sur l'onglette (m) de la pièce (h) en poussant vers la droite, cette pièce se transportera d'une distance égale à celle des deux entailles (ff) contiguës, et l'entrée sera découverte. Or pour soulever les barreaux d'une hauteur convenable, on se sert d'un rateau à dents inégales (fig. 354) qui sert de clef à la serrure à combinaison; pour cet effet, on l'introduit dans l'intervalle (q) (fig. 355) entre la boîte (l) et la platine (a), on soulève le rateau dont les dents passent par des trous percés dans la barre (e) juste vis-à-vis chaque barreau, alors les trois barreaux (c) sont élevés à une hauteur convenable pour que leurs entailles répondent à la rainure (f), et que le mouvement du peigne de la pièce (h) puisse avoir lieu. Nous ferons remarquer que les barreaux tombent, lorsque la pièce (h) est portée à droite ou à gauche, en sorte qu'il faut faire usage de la clef (354) pour ouvrir comme pour fermer l'entrée de la clef. Il nous reste à expliquer les petites dents ou encoches que l'on aperçoit sur les barreaux; mais pour en faire comprendre l'objet, il est nécessaire de faire connaître sur quoi repose la combinaison.

Pour que le peigne de la pièce (h) puisse se mouvoir dans la rainure (f), il faut que les entailles des trois barreaux (c) répondent exactement à cette rainure, en sorte qu'ils doivent être exactement soulevés à la hauteur qui leur convient; c'est ce qui a lieu par les dents de la clef: mais si les barreaux eussent été lisses, en forçant doucement la pièce (h) dans le sens de son mouvement, toutes les dents (i) du peigne seraient touchées en même temps par les barreaux, et au moyen d'un petit crochet on aurait pu les soulever l'un après l'autre et sentir le point de l'encoche (g) par l'anéantissement du frottement de la dent contre le barreau : par ce moyen on aurait placé successivement les barreaux à leur hauteur, et on aurait pu, sans le secours de la clef, ouvrir la combinaison. Pour éviter cet inconvénient, qui eut détruit toute la sûreté de cette fermeturë, on a formé sur les barreaux, des petites dents ou encoches dans lesquelles viennent s'engager les dents (i) du peigne, en sorte que, lorsqu'on presse la pièce (h), les barreaux deviennent immobiles, et l'on ne peut reconnaître, par le tact, le point où l'entaille répond à la dent du peigne.

Si, malgré cette précaution, l'on voulait encore, en parcourant les entailles ou dents des barreaux, trouver le point convenable pour la position de chacun, il faudrait, pour épuiser les combinaisons, soulever les barreaux jusqu'à ce que le peigne répondît à la première entaille, soit par exemple le barreau à gauche ; puis placer l'autre aussi à la première entaille, et enfin essayer le troisième aux huit positions qui répondent aux huit encoches dont il est armé ; ensuite laissant le premier barreau à la première entaille, il faudrait mettre le second à la deuxième et essayer encore toutes les encoches du troisième et ainsi de suite. Pour épuiser toutes les combinaisons il faudrait donc placer les trois barreaux d'autant de manière qu'il y a d'unités dans la 3ᵉ. puissance de 8, c'est-à-dire, de 512 positions différentes : le temps de parcourir cet arrangement est trop long et trop pénible pour que l'on puisse facilement les épuiser, et découvrir la position exigée.

La sûreté repose donc, dans les serrures à combinaison, sur le nombre des arrangemens possibles des différentes pièces mobiles ; ainsi plus le nombre de ces arrangemens est considérable, plus il est difficile de découvrir celui que l'on a choisi. Nous verrons, par la suite, d'autres dispositions fort ingénieuses de ce même principe.

La serrure que nous venons de décrire ayant pour objet de cacher l'entrée de la clef d'une autre serrure, on peut l'appliquer non-seulement à augmenter la sûreté des serrures ordinaires, mais encore à arrêter le bouton d'une serrure qui en fait partie, comme on le voit dans les fig. 346, 347, 355 à 360.

Les fig. 346, 347 représentent une serrure à deux tours et demi, dont la composition n'a rien de particulier, si ce n'est que la clef est formée d'une tige (r) qui traverse la serrure à combinaison (355), ainsi que la serrure à double tour et demi (347), et qui se termine par deux boutons à olive (s et s'). La partie de la tige (r) qui entre dans la serrure (346, 347), est garnie d'un paneton (t) qui donne le mouvement au pêne dormant et au pêne coulant, au moyen de l'équerre (u). La partie renfermée dans la serrure à combinaison est carrée, en sorte que la pièce (h) (fig. 352), au lieu de cacher l'entrée de la clef, enveloppe le carré et l'empêche de tourner. La pièce qui recouvre la combinaison, au lieu de présenter une ouverture de clef, n'offre qu'un trou rond (v) qui reçoit la tige, comme on le voit fig. 356. La coupe du bouton (fig. 357) fait connaître sa composition, dont nous allons décrire les différentes parties et faire voir ensuite le but et l'effet.

Dans un canon (r) passe une tige (x), terminée d'un bout par une tête (y) et de l'autre par une vis conique (z). Cette vis entre dans une pièce (a'), qui est fendue suivant son axe, en sorte que les deux parties s'écartent par l'effort de la vis ; la partie (b') reçoit le bout carré du canon (r), en sorte que la pièce (a') ne peut tourner sans entraîner le canon. La partie (c') entre dans un trou conique, formé dans le corps (d') du bouton (s'), en sorte

que ce bouton ne peut plus se dégager de la pièce (a') ; quand la vis (z) en a écarté les deux parties : enfin, le trou du bouton est fermé par un bouchon à vis (e'), que l'on affleure à la lime.

Cette disposition bien comprise, il sera facile de voir que si on visse la tige (x), la vis (z) entrera dans la pièce (a') dont elle écartera les deux parties (c'), ce qui fera serrer cette pièce dans le trou du bouton. Il naîtra de cette pression un frottement que l'on pourra augmenter à volonté, et qui pourra devenir assez fort pour que le bouton puisse, sans glisser, entraîner le canon (r), et donner le mouvement aux pênes de la serrure (346, 347). Mais si, la serrure à combinaison étant fermée, on voulait forcer le bouton, il ne serait pas possible d'y parvenir, si le frottement n'est pas assez fort pour briser le carré qui l'empêche de tourner, car le bouton glisserait sans rompre la pièce d'arrêt (h) de la serrure à combinaison.

La fig. 358 fait voir le canon (r), armé du panneton (t); celle 359, fait voir la pièce (a'), sous laquelle vient se placer la pièce d'arrêt (h) de la serrure à combinaison ; la fig. 360 offre la partie (c') de la pièce (a') ; enfin, la fig. 361 fait voir le bouton de manière à donner la forme de l'olive. La figure 362 représente une petite bascule propre à remplacer un bouton à olive.

SERRURE INVENTÉE PAR M. PONS, HORLOGER A PARIS.

Le mécanisme (fig. 363 à 369) dont nous allons donner la description, est encore fondé sur les mêmes principes que la serrure égyptienne de M. Regnier.

Elle se compose d'un pêne dormant (a), guidé dans sa course par le trou du rebord (b), qui donne passage à la tête (c); et, par un picolet (d) qui reçoit la queue (e); le milieu de sa longueur est taillé et forme une crémaillère (f), dans laquelle engraine un pignon (g). Ces pièces sont montées sur une platine (h) et recouvertes par un foncet (i) (fig. 367). Sous la platine (h) sont placés trois ressorts (k) (fig. 363 et 366), qui portent trois chevilles (l, l, l), fixées sur leurs extrémités, et trois autres petites chevilles (m, m, m), dont nous verrons bientôt l'objet.

Le pêne porte derrière la tête trois entailles (n), qui en forment une sorte de peigne. Ces entailles répondent directement aux trois chevilles (l); elles sont plus étroites que le diamètre de ces chevilles, contre lesquelles elles s'arrêtent. Ces chevilles (l) sont limées et amincies en un point de leur longueur, de manière que, dans ce point seulement, elles permettent le passage des entailles (n). Or, les coupures des chevilles sont formées à différentes hauteurs, en sorte que ces entailles (n), pour laisser passer le peigne (n), être baissées de la quantité convenable pour que les encoches des chevilles (l) répondent aux entailles du peigne. Les trois petites chevilles (m), aussi fixées sur les ressorts k, sont d'égale hauteur. C'est sur ces dernières pièces que la clef vient agir pour baisser convenablement les pièces (l). Cette clef, représentée fig. 369, est formée d'un anneau (o), sur lequel est fixé un petit canon (p), dont le trou carré reçoit le bout, aussi carré, de l'axe du pignon (g), et sert à faire tourner ce pignon ; au bas de l'anneau (o), au point où il se réunit au canon (p), se trouve fixée une petite plaque d'acier (q) ployée d'équerre; le bout (r) est taillé de manière que les points (s, s', s'') sont à des hauteurs convenables. Ce sont ces points (s, s', s'') qui agissent sur les chevilles (m) pour les abaisser chacune de la quantité nécessaire. La figure 367 représente l'entrée de la clef dans la serrure; le trou (t) reçoit le canon et répond à la direction de l'axe du pignon; la fente (u) admet la petite plaque (q), et se trouve dans la direction des chevilles (m).

Le jeu de ce mécanisme est très-simple et facile à concevoir, si l'on a bien entendu la description précédente. En effet, si l'on veut ouvrir ou fermer la serrure (supposons ici que l'on veuille l'ouvrir) : on introduit le canon (p) de la clef dans le trou (t), et en même temps la plaque (q) dans la fente (u); puis, pressant la clef pour l'enfoncer, les encoches (s, s', s'') de la plaque (q) viendront appuyer chacune sur la cheville (m) qui lui correspond; en sorte que ces chevilles seront poussées d'une quantité déterminée par la longueur des points (s, s', s''); alors les trois chevilles (l, l, l) seront convenablement placées, et leurs encoches répondront aux entailles (n, n, n); en sorte que si l'on tourne la clef, elle donnera le mouvement au pignon (g), lequel entraînera la crémaillère et par conséquent le pêne : cette dernière pièce n'étant plus arrêtée par les chevilles, fournira sa course; et, lorsqu'il sera entièrement rentré dans la serrure, les trois chevilles (l, l, l), passant par les trous (v) qui terminent les entailles (n), reprendront leur première position et le pêne ne pourra sortir sans employer la clef. Nous ferons remarquer ici que les chevilles (l), entaillées à des hauteurs différentes et qui répondent aux différentes hauteurs des entailles de la plaque, ne permettent le mouvement au pêne que lorsque ces entailles sont précisément placées à la hauteur qui leur convient, et que le moindre changement en plus ou en moins dans leur position arrête ce mouvement.

SERRURE DE SURETÉ ANGLAISE.

Cette serrure (fig. 370 à 375), fondée sur les mêmes principes que la précédente, est d'une composition fort simple et peut être adaptée spécialement à la fermeture des meubles.

Le pêne dormant (a) est mu par une pièce circulaire (b), que la clef entraîne dans son mouvement : ce disque (b), dont on voit le détail fig. 374, porte une cheville (c), qui entre dans une petite entaille (d) pratiquée dans l'épaisseur du corps du pêne; une autre grande entaille longitudinale (e) reçoit un étoquiau (f), qui forme la base de la broche (g). La pièce (b) tourne dans une gorge circulaire, pratiquée en partie dans la pièce de recouvrement (h); et, dans le bord circulaire du foncet (i), sous la plaque (h), sont fixés trois petits ressorts (k, k, k) en cuivre, portant leurs extrémités des chevilles (l, l, l) qui entrent dans trois petits trous de même grosseur (m, m, m), percés dans le disque (b); en sorte que ce disque est fixé par ces chevilles et ne peut tourner que quand ces chevilles sont sorties des trous qui les reçoivent; la pièce (b) est encore percée d'un trou (n) de forme quelconque et que l'on a fait ici semi-circulaire, mais que l'on pourrait faire rond. La clef, représentée fig. 372, porte un demi-cylindre (o) de même forme que ce trou,

et un peu plus saillant que les chevilles (p) : ces chevilles, ainsi que la pièce (o), font partie du panneton de la clef qui est forée et dont le canon reçoit la broche (g).

Pour donner le mouvement au pêne, on introduit la clef, et lorsqu'elle est entrée jusqu'au point de toucher la pièce circulaire (b), on la fait tourner entre le foncet (i) et cette pièce, jusqu'à ce que la pièce saillante (o) du panneton trouve le trou (n); alors, en pressant sur la clef, les chevilles (p) dont elle est armée et qui ont une longueur précisément égale à l'épaisseur de la pièce (b), poussent les chevilles (l) des ressorts (k) jusqu'à les faire sortir de la pièce (b); alors, en forçant la clef à tourner, la pièce (b) n'étant plus retenue par les chevilles (l), se met en mouvement et entraîne le pêne au moyen de la cheville (c). Lorsque le pêne est ainsi rentré dans la serrure, on ôte la clef en la tirant d'abord pour la faire sortir de la pièce (b), et la faisant tourner sur la broche, jusqu'à ce qu'elle se trouve vis-à-vis l'entrée. Si ensuite on veut fermer la serrure, on replace la clef de la même manière, et en la faisant tourner jusqu'à sa première position, les chevilles (l) se replacent dans les trous de la pièce (b), qui devient immobile, et la serrure est fermée, c'est-à-dire que le pêne est maintenu hors de la serrure.

La figure 370 présente la coupe de la serrure, suivant son axe; celle 371 offre la serrure vue à plat : toutes les pièces en sont ponctuées. La clef, vue sur deux sens différens, est représentée par les figures 372; 373 offre la pièce qui sert de guide au pêne et porte la broche de la clef; celle 374 représente la pièce tournante qui donne le mouvement au pêne; enfin celles 375 indiquent la forme du pêne sur deux sens.

SERRURE DE SURETÉ DE BRAMAH.

Le principe dont nous venons de donner des exemples a été encore employé par M. Bramah, de Londres, d'une manière fort ingénieuse, dans la serrure représentée figures 376 à 383.

La serrure se compose d'un pêne dormant (a) mu par une pièce tournante (b) qui porte seule tout le mécanisme de la serrure. C'est donc de la composition de cette pièce (b), et du mécanisme que nous allons faire connaître, que résulte toute la sûreté de cette espèce de fermeture. Sur un plateau circulaire (b) sont placés six leviers (c, c) tournant sur un axe commun, qui traverse la pièce (d) (fig. 376 et 379) fixée sur le plateau. Six ressorts (e) (et fig. 382), unis trois à trois et ne formant ainsi que deux pièces, sont tenus à vis sur le plateau (b) au-dessous des leviers (c,c), et agissent sur ces leviers de manière à les tenir constamment levés. L'extrémité opposée à celle qui leur sert de centre de mouvement est dirigée par des entailles pratiquées dans un bord relevé (f) (et fig. 381) qui fait partie du plateau (b). Au-dessus des leviers, passe un pont (g) fixé par deux vis (h), servant de foncet à la serrure, et présentant l'entrée de la clef. A la pièce (d), qui forme la charnière des leviers, est adapté un panneton (i) qui en fait partie et qui entre dans une entaille (k) pratiquée au corps du pêne : c'est au moyen de ce panneton que la clef donne le mouvement au pêne.

La pièce tournante (b) est reçue dans une cavité de

même forme, creusée au fond de la serrure. Elle est retenue par des plaques (l) qui recouvrent une portion de sa circonférence, et lui laisse cependant assez de jeu pour tourner facilement.

Au devant de l'extrémité des leviers et sur le palâtre, est fixée à vis une pièce (m) (et fig. 380) formant une espèce de pont, et entaillée d'un arc qui s'accorde avec la surface du bord (f) : dans cette pièce (m) sont pratiquées six entailles (n) qui reçoivent les bouts des leviers (cc, etc.); ces leviers sont fendus à différentes hauteurs, comme on peut le voir figure 370, de manière à former à leur extrémité une espèce de fourchette à deux branches (n), dont la distance est précisément égale à l'épaisseur de la pièce (m); il résulte de cette disposition, que quand les leviers sont tous abaissés à une hauteur telle que leurs entailles répondent à la plaque (m), on peut faire tourner la pièce (b) ; mais que si un seul levier n'est pas suffisamment abaissé ou qu'il le soit trop, on ne peut plus faire tourner cette même pièce.

La clef, représentée figure 383, porte deux pannetons opposés, taillés au hasard, suivant six surfaces (p) de différentes hauteurs. Ces surfaces répondent à chacun des leviers, et servent à les presser plus ou moins, de manière à faire correspondre leurs entailles ou fourchettes (o) à l'épaisseur de la plaque (m), et les placer toutes en même temps dans le plan de cette pièce.

Lorsque l'on veut ouvrir la serrure ou la fermer, on introduit la clef et on presse jusqu'à ce qu'elle ait poussé tous les leviers à la position qui leur convient; tournant alors cette clef, la plaque (m) ne présente plus d'obstacle au mouvement des leviers, et la pièce tournante (b), agissant sur le pêne, le fait aller et venir sans difficulté. Nous ferons remarquer que les deux pannetons restent toujours dans l'entrée que présente le pont ou pièce de recouvrement (g), et que c'est en agissant contre les côtés de cette entrée que la clef fait tourner la pièce (b). La plaque (m) porte encore trois entailles (n', n', n') qui reçoivent un des deux systèmes de leviers lorsque la serrure est ouverte, ce qui empêche le pêne de prendre du mouvement sans l'action de la clef.

Dans les serrures ordinaires, la clef est faite sur la serrure : ici, au contraire, la serrure est terminée d'après la clef. On taille d'abord arbitrairement les surfaces (p) des pannetons de la clef, ensuite on la presse sur les leviers, ce qui les abaisse de quantités inégales, correspondantes aux surfaces des pannetons, et porte leurs extrémités à des profondeurs inégales dans l'espace qui se trouve au-dessous de la plaque (m); alors, au moyen d'une pointe, on marque la place où doivent être faites les entailles des leviers.

D'après ce qui précède, on voit facilement que l'imitation de cette clef présenterait de grandes difficultés, et qu'un ouvrier, même fort habile, n'y parviendrait qu'avec un temps toujours trop long pour pouvoir l'effectuer sans risques d'être découvert. Nous reviendrons sur ce point à la fin de cette partie.

SERRURE ANGLAISE DE AINGER.

La petite serrure que nous allons examiner sort entièrement de la direction que l'on a généralement suivie pour la construction des serrures de sûreté et des serrures à combinaison. La description suivante, que j'ai traduite littéralement de l'ouvrage anglais intitulé : *Transactions of the society for encouragement of arts manufactures and commerce*, 1820, vol. XXXVIII, p. 111, fera connaître le but que l'inventeur s'est proposé, et la manière dont il pense y être parvenu. Il dit donc :

Dans la construction de la serrure représentée par les figures 384 à 394, je me suis proposé les deux objets suivans : en premier lieu, de rendre la violation par le crochet plus difficile que dans les serrures en usage, en second lieu, d'y appliquer une clef de laquelle personne ne puisse prendre une empreinte, et que même un habile ouvrier ne pourrait imiter qu'avec une grande difficulté. Les fig. 384 et 385 représentent un plan et une coupe de la serrure, débarrassée de la clef et des ressorts qui pressent l'un vers l'autre les deux balanciers; (aa) est le palâtre de la serrure, (bb) le pêne, mu par un pignon (c) agissant sur une crémaillère (d); (e, f) sont les balanciers (on peut en employer quatre et même un plus grand nombre, mais deux suffisent pour faire voir sur quoi repose le perfectionnement). Ces balanciers sont armés à leurs extrémités d'un ergot saillant, qui tombe dans des encoches taillées dans le corps du pêne. L'ergot du balancier (e) (fig. 385) est égal à deux fois l'épaisseur de la partie du pêne dans laquelle les encoches sont formées; mais l'ergot du balancier (f) est seulement de cette même quantité, afin d'éviter qu'il ne rencontre dans son passage le ressort (i), qui croise l'encoche (h), et dont la situation sous le pêne est indiquée par des lignes ponctuées. La forme de l'ergot est vue en (k) (fig. 386) : il est guidé par la clef, à travers les encoches, ainsi qu'il sera décrit plus tard ; mais avant il sera nécessaire de faire connaître les effets du ressort (i). La figure 387 montre le dessous du pêne, et fait voir les encoches sur une plus grande échelle; elle fait apercevoir aussi la portion réduite de moitié d'épaisseur, afin de recevoir le ressort (i). Les encoches 1, 2, 3, 4, 5, 7 et 8, sont analogues, quant à leur objet, aux garnitures que l'on applique aux serrures de différentes espèces. On remarquera que les encoches 2, 3, 4, 7 et 8 sont armées d'un crochet, qui n'existe pas aux nos. 1 et 5; dans l'encoche 8, ce crochet est formé par un crampon qui existe à l'extrémité du ressort (i), de manière que ce ressort peut reculer vers l'encoche (y) par une légère pression appliquée d'équerre sur son champ. Cette disposition empêche totalement de désengager le balancier, ce qui constitue le moyen employé pour forcer les serrures, à l'aide du crochet, moyen par lequel les bascules ou pièces d'arrêt sont retirées de la situation où les place le ressort, comme on peut le voir par les lignes ponctuées en 3 et 7, et ils sont placés l'un après l'autre, comme il est marqué aux nombres 4 et 8. Dans cette situation, ils n'offrent aucune possibilité de mouvement pour le pêne, mais cet effet ne peut pas avoir lieu dans les encoches 2 et 6, à cause du soin que l'on a pris que la partie saillante du ressort soit un peu plus grande que l'encoche opposée. Dans ce cas, si par hasard on vient à relever le balancier hors de l'encoche (q), d'abord il est évident qu'il retombera de nouveau avant que le n°. 6 puisse être désengagé, et le con-

8

traire est impossible; parce qu'aussitôt que le crochet cesse son action sur le balancier, la pression rappelle le ressort, et le rétablit dans sa première situation.

La forme de la clef est représentée par les figures 388, 389; la partie inférieure de la figure 389 est une coupe montrant l'intérieur de la chambre du tuyau ou canon, suivant trois divisions : les parties supérieures et inférieures sont circulaires, et le milieu forme un triangle. L'usage de ces trois parties peut être mieux compris, en jetant les yeux sur la figure 390, qui représente le pignon (c) dessiné sur une plus grande échelle : (aa) est la partie du palâtre dans laquelle on a fixé une broche de fer ; c'est sur cette broche que tourne le pignon (c), ayant sa partie inférieure ronde, et la portion supérieure formant un triangle équilatéral, dont un côté est circulaire, comme on peut le voir figure 384. Immédiatement au-dessus, et sur l'extrémité de la broche de fer, est fixée une pièce de métal de figure semblable (m), fixée par une cheville passée à travers : c'est pour cette raison que cette pièce, ne tournant pas, exige que la partie supérieure ou le fond du canon soit rond, afin qu'elle puisse rester immobile pendant le mouvement de la clef. A l'extrémité inférieure de la clef sont adaptés deux colliers courbes, irréguliers (n et o) (fig. 389), agissant sur chacun des balanciers, et qui leur font décrire des mouvemens divers pendant le transport du pêne, au moyen du pignon. Pour empêcher chaque collier de toucher le balancier qu'il n'est pas disposé à mouvoir, on a diminué le côté opposé, comme on peut le voir dans les figures 385 et 386.

La figure 391 fait connaître le moyen d'établir sur la clef une combinaison d'après le principe suivant. La partie inférieure du canon (qui est supposé fabriqué en deux parties réunies ensuite par une brasure) est de forme octogonale et terminée par une vis. Les pièces (x et y), semblables aux colliers ci-dessus décrits, et percées aussi d'un trou octogonal, y glissent sur le canon de la clef et sont suivies de l'écrou (z). Les deux parties étant ainsi soudées ou brasées ensemble, les trois pièces (x, y et z) ne peuvent se perdre, puisqu'elles sont retenues par un filet, lequel s'enfonce dans une retraite formée à cet effet dans la pièce (x). La forme de la clef, lorsque les colliers sont sur la partie octogonale du canon, et que l'écrou est en bas, est représentée figure 392. Quoique les colliers ne puissent être complètement retirés, il est évident qu'ils peuvent passer de la partie octogonale de la clef sur la partie cylindrique : ils peuvent tourner et prendre telle position que l'on veut sur la portion octogonale. Si maintenant on suppose que chacun des huit côtés du prisme porte un chiffre ou une lettre : les colliers pourront être placés par celui qui connaît la combinaison, tandis que pour toute autre personne il faudrait faire 64 combinaisons avant de reconnaître celle qui convient pour faire usage de la clef.

Les figures 393 et 394 font connaître la manière de rendre une serrure à bec de canne aussi difficile à crocheter qu'une serrure à double tour. Le pêne (qq) est mu par le ressort (r) : la pièce (s) lui est unie ; celle (r) peut être regardée comme un second pêne, auquel on peut appliquer les moyens en usage pour la sûreté dans les serrures ordinaires : il est seulement nécessaire de lui donner la longueur suffisante pour pouvoir y appliquer ces moyens de sûreté; c'est pourquoi sa longueur n'a pas été déterminée. Il est uni au pêne (q) par une cheville glissant dans la coulisse (s), de manière que le pêne peut reculer en agissant sur le tourniquet. Si, d'un autre côté, le second pêne (r) est muni de la sûreté ci-dessus décrite, lorsqu'on l'aura placé à sa position la plus éloignée, la cheville occupera l'extrémité de la coulisse (s), et il sera aussi difficile de forcer cette serrure que si elle était à double tour, comme celle représentée dans les figures 384, 385 et suivantes.

La serrure que nous venons de décrire est une des plus inviolables que l'on puisse faire, et son usage est très-agréable. La clef, qui peut être fort petite, ne cause aucun embarras; cependant il faut convenir qu'elle présente quelques difficultés d'exécution, et que dans les objets d'un usage ordinaire, il convient d'apporter toute la simplicité possible.

SERRURE DE BRAMAH.

Nous avons déjà donné précédemment la description d'une serrure inventée par Bramah, et qui est à l'abri de l'atteinte du crochet ou des fausses clefs : nous allons ici faire connaître la plus jolie composition que cet habile mécanicien anglais ait trouvée pour faire usage du même principe.

La serrure représentée figures 395 à 408, se compose de deux parties bien distinctes, savoir la serrure proprement dite, ou le mécanisme qui opère la fermeture, et le mécanisme à combinaison, qui donne le mouvement aux pênes coulans ou dormans.

La combinaison est toute entière renfermée dans la figure 395. Le mécanisme contenu dans la pièce ronde (a) est composé d'un cylindre (b) foré (fig. 399) suivant son axe, d'un trou cylindrique (c), qui en forme une espèce de tube fort épais. Cette pièce est fendue intérieurement de quatre entailles en croix (d), qui n'entrent que d'une portion de l'épaisseur du tube, et dont une (d') est un peu plus forte que les autres. Ce cylindre (b) porte à son extrémité une portion cylindrique très-courte (e) (fig. 398), d'un diamètre moindre que le reste, et dont le trou du centre est aussi plus petit que le trou du corps du cylindre (b), ce qui forme au fond une espèce de portée. Chacune des quatre entailles (d, d, d, d') reçoit une petite pièce (f) formant ressort à deux lames, qui tendent à s'écarter l'une de l'autre, comme on peut le voir (fig. 401). Le tube reçoit intérieurement une petite pièce cylindrique (g) qui ressemble à la bobêche d'un chandelier ; son embase est de même diamètre que le cylindre creux. Un ressort à boudin en laiton (h) pousse cette pièce (g) contre le fond supérieur du cylindre (b), où elle s'arrête en s'appuyant sur la portée formée par la portion cylindrique (e); une broche (i), fixée au plateau (k), passe au centre du système, et forme en quelque sorte son axe central; elle traverse encore la pièce (g), dont elle dirige le mouvement; enfin elle sert de broche à la clef qui est forée. Le plateau qui porte cette broche est assujéti par des vis sur le bout du cylindre (b). Les petits ressorts (f) (et fig. 401) portent à leur extrémité un bec (l) qui repose sur les bords de l'embase de la pièce (g), et sont taillés d'une petite encoche (m) placée sur chacun, à des hauteurs différentes. Le cylindre (b) est coupé par une gorge profonde (n), qui reçoit un cercle mince (o) (et fig. 402) divisé en deux parties, suivant un diamètre, et dont chaque moitié est fixée par une vis sur le fond (p) de la pièce d'enveloppe (a). Ce cercle (o), dont le trou du centre est de même diamètre que le fond de la gorge (n), qu'il remplit parfaitement, porte intérieurement quatre encoches (q) qui répondent aux entailles intérieures du cylindre (b), et reçoivent, comme ces entailles, les petits ressorts (f) (fig. 401). La partie cylindrique (a) qui forme le bout du cylindre (b), est coupée d'une forte entaille (r) (fig. 399), dans laquelle s'engage le petit panneton de la clef. Cette pièce (q), représentée fig. 407, est composée d'un canon (s) foré d'un trou de même diamètre que la broche (i) qu'il est destiné à recevoir. Ce canon porte quatre entailles (t) dont les profondeurs sont arbitraires et différentes les unes des autres ; enfin cette clef est armée d'un petit panneton (u), destiné à entrer dans l'encoche (r) (fig. 399).

Tel est le mécanisme principal de cette fermeture dont le jeu est fort simple, et sera facilement saisi, si l'on a bien entendu sa composition.

Lorsqu'on introduit la clef par l'entrée (v) de la pièce (a) (fig. 396), la broche entre dans le canon, dont l'extrémité vient appuyer sur la pièce (g), et dont les encoches reçoivent les petits becs (l) des ressorts (f) ; en même temps le panneton entre dans une entaille pratiquée au point convenable dans le trou cylindrique (v). En pressant sur la clef, on pousse la pièce (g) et on fait céder le ressort à boudin (h) ; les petits ressorts plats (f) suivent le mouvement de la clef, qui les pousse plus ou moins loin, suivant la profondeur de l'entaille qui les reçoit ; ces entailles sont d'ailleurs telles, que les encoches (m) des ressorts viennent précisément répondre à la gorge (n) et se trouvent toutes ensemble dans le plan de cette gorge ; or, si l'on remarque que le cercle (o) remplit exactement cette gorge et reçoit, comme la pièce (b), les petits ressorts (f), on verra que quand ces ressorts (f) sont à leur position ordinaire, ils empêchent la pièce (b) de tourner, puisqu'ils coupent la gorge (n) sur quatre points, en traversant les entailles de la pièce (o) ; mais que quand ces encoches (m) sont toutes à la fois dans le plan de la gorge, la continuité existe, et la pièce (b) peut tourner, puisqu'elle n'est plus arrêtée par le cercle (o). Il est facile de voir que pour permettre le mouvement de rotation du cylindre (b), il suffit que les petits ressorts restent au point d'enfoncement où la clef les a conduits, et, pour cet effet, le panneton, dont la clef est armée, passe sous l'entrée (v) et tourne, en s'arrêtant, contre la surface annulaire (x) ; lorsqu'on a fait faire un tour entier au cylindre (b), le ressort chasse la clef et rétablit les petits ressorts (f) à leur position première.

Il nous reste maintenant à faire voir comment le mouvement de rotation de la pièce (b) est communiqué aux pièces de la serrure (fig. 408.)

Le mécanisme ci-dessus décrit est fixé par des vis sur la plaque de recouvrement de la serrure, et le centre répond précisément à celui de la petite rondelle (y), où

(fig. 406) elle se place sur deux chevilles (z) fig. 404), à l'extrémité desquelles on a levé deux portées (a'), en sorte que la pièce (y) repose sur ces portées. Ces chevilles sont plantées sur une pièce (b') (et fig. 405) qui tourne intérieurement sur le palâtre (c') et dans un trou rond creusé au centre d'une espèce de patère (d') (fig. 400) fixé au dehors du palâtre. Ce patère sert d'entrée à la clef pour fermer la serrure en dedans de l'appartement ; les deux chevilles (z) entrent dans les encoches (e', e', e', f') d'un pêne dormant (g'), et, comme la pièce (b') est fixée sur le palâtre, son mouvement de rotation entraîne le pêne et le fait sortir de la serrure à mesure que les chevilles agissent sur les encoches successives (e', e', e') de ce pêne ; la pièce (b'), ainsi qu'on peut le voir (fig. 405) porte une partie plate sur laquelle vient reposer le valet (h'), pressé par le ressort (i'), ce qui fixe la position de cette pièce (b') ; enfin, sur le pêne dormant (g'), on a placé une équerre (k'), tournant sur le centre (l') et agissant sur le pêne coulant ou bec de canne (mm') ; le mouvement est imprimé à cette équerre par l'une des deux chevilles (z) qui tourne dans l'encoche courbe (f') du pêne dormant.

Cette fermeture réunit tous les avantages : solidité, sûreté et élégance. La clef est si petite qu'elle ne cause aucun embarras, et cependant on peut fermer une serrure très-forte par ce moyen. Les serrures de cette espèce, ou du moins analogues à celle-ci, sont construites à Paris, chez M. Huret (Léopold), rue de Castiglione, qui les a parfaitement imitées, et qui a même ajouté quelques perfectionnemens aux serrures anglaises de Bramah.

DES SERRURES A COMBINAISONS SANS CLEFS.

Nous avons dit au commencement de ce chapitre que les serrures à combinaisons se divisaient en deux espèces ; la première, que l'on ouvre au moyen d'une clef construite d'une manière particulière, et qu'il est, pour ainsi dire, impossible d'imiter ; la seconde, que l'on ouvre en plaçant les pièces qui la composent dans des situations relatives, connues de la seule personne qui possède la serrure, et qui pourraient être placées dans un grand nombre de situations différentes de celle qu'elle a choisie : toutes ces autres positions ne permettraient pas l'ouverture de la serrure.

Un seul exemple suffira pour faire comprendre la composition de ce genre de fermeture.

Les figures 409 à 418 représentent un cadenas construit sur ce principe par feu M. Regnier, et qui remonte au 15e. siècle ; il se compose extérieurement de quatre viroles (a) (fig. 414 et 415) qui portent les 24 caractères de l'alphabet et une astérisque, ce qui forme en tout 25 signes différens. Le cadenas ne peut s'ouvrir que quand les quatre signes choisis sont sur une même ligne, dont la direction est marquée par les traits (t) (fig. 409) tracés sur chacune des plaques qui terminent le cadenas.

L'intérieur des viroles (a), comme on peut le voir fig. 414, est entaillé de 25 encoches qui répondent à chaque caractère gravé à l'extérieur ; ces viroles en enveloppent quatre autres de même épaisseur (b, b, b, b), (et fig. 409, 410, 412) ; elles sont creusées intérieurement et ne conservent qu'un anneau (c) plus épais que le reste. Cet anneau porte une seule encoche (d) (fig. 413), qui ne coupe que son épaisseur, et un petit ergot (e) planté à la surface extérieure : c'est cet ergot qui entre dans les encoches de l'anneau (fig. 414); les quatre anneaux (b) sont montés sur un cylindre creux en fer (f), soudé à la plaque (g) qui porte la charnière de l'anse. Le tube (f), à son extrémité (f''), est rivé devant la dernière virole (b) à droite, en sorte que ces trois anneaux ne peuvent pas tourner sur le tube (f) sans en sortir. Dans ce même tube (f) se trouve un cylindre solide (h) qui en remplit la capacité : il est armé de quatre étoquiaux (i, i, i, i) qui glissent dans une entaille (k) faite sur toute la longueur du cylindre (f), et dont la largeur est égale à l'épaisseur de ces étoquiaux. Ces dernières pièces (i) entrent dans la portion creusée des anneaux (b, b), comme on peut le voir fig. 417, et s'appuient contre le rebord (c); ainsi, ces anneaux retiennent les étoquiaux (i); mais si les encoches (d) des anneaux (b, b) sont toutes sur la même ligne vis-à-vis l'entaille longitudinale (k), elles laissent mouvoir, suivant sa longueur, l'espèce de râteau formé par ces étoquiaux, et le cylindre (h), qui les porte, peut sortir du cylindre creux (f); cependant, pour borner la course du cylindre (h), on lui a fait une entaille (l) qui reçoit la cheville (m), fixée et passée à travers le tube (f). La partie (n), semblable à la plaque (g), ferme le mécanisme et reçoit dans un trou (o) la cheville (p) (fig. 412) qui termine l'anse. Cette même plaque (n) porte au centre un tube ou douille (q) qui en fait partie et qui reçoit le bout conique du cylindre (h); ce tube (q) est entaillé comme la douille de la baïonnette du fusil de munition. Son entaille (r) (fig. 410, 412 et 416) reçoit le premier étoquiau (i'), qui s'engage dans le repos (s) et arrête la douille (q). Pour placer cette douille il faut d'abord l'enfoncer, en faisant entrer l'étoquiau (i') dans l'entaille (r), et tourner ensuite la pièce (n), jusqu'à ce qu'il soit placé au repos (s). La figure 412 fait voir la coupe du cadenas ouvert, celle 409 le montre fermé.

D'après les détails que nous venons de donner, nous pensons qu'il sera facile de saisir le jeu du mécanisme de ce cadenas.

Les virolles extérieures (a) portant intérieurement vingt-cinq petites encoches, l'ergot (e) (fig. 413) peut être, à volonté, placé dans une quelconque de ces encoches, et répondre ainsi à tel caractère que l'on voudra sur la virole (a). Or, la virole (b), ne portant qu'une seule encoche (d), il n'y a qu'une seule position où cette encoche répond à l'entaille (k) du tube (f), c'est-à-dire, où elle permet le dégagement de l'étoquiau (i), qui, dans toute autre situation, repose sur la surface intérieure du rebord (c); donc le dégagement dépend de la position de la virole extérieure, par rapport à la virole (b), c'est-à-dire de l'encoche dans laquelle on a placé l'ergot (e).

Comme il y a vingt-cinq encoches dans les viroles (a), elles peuvent prendre, comme nous venons de le dire, vingt-cinq positions différentes, par rapport aux viroles (b). Il en résulte, en combinant ces positions pour les quatre viroles; que si la première est fixée sur la lettre A, par exemple, on peut former vingt-cinq combinaisons en plaçant la seconde successivement sur les vingt-cinq caractères; on en fera autant pour chacun des caractères de la première : ainsi, on aura, pour deux viroles, un

nombre de combinaisons, marqué par le produit de vingt-cinq par 25, ou 625. Si maintenant on ajoute une troisième virole, on pourra faire 625 combinaisons pour chacun des caractères de cette troisième virole; ainsi, on aura, pour le nombre de positions différentes, 25 fois 625, ou 15,625 combinaisons. Enfin, en ajoutant la quatrième virole, on aura encore 25 fois ce dernier nombre ou 390,625 combinaisons différentes, dont une seule peut permettre l'ouverture du cadenas; celle-ci qui n'est connue que de la personne qui possède le cadenas, peut être variée à son gré, puisque l'on peut faire entrer l'ergot (e), de chaque virole (b), dans l'une quelconque des 25 encoches des viroles (a).

Lorsque l'on veut changer la combinaison du cadenas; on l'ouvre, et l'anse, n'arrêtant plus la plaque (n), on la fait tourner, ce qui dégage la douille (q) de son étoquiau (i'), et permet de retirer cette plaque (n); alors, toutes les viroles (a) peuvent être enlevées, et, lorsqu'on veut remonter le cadenas sur une autre combinaison, on replace les quatre viroles en faisant entrer successivement les ergots (e) dans l'encoche qui répond à la lettre que l'on a choisie. Cette disposition prise, on replace la plaque (n), et le cadenas est monté sur une combinaison qui n'est connue que de celui qui le possède; en sorte que l'ouvrier qui l'a construit ne serait pas plus habile qu'une autre personne à trouver cette combinaison. Le nombre 390,625 est si grand, que ce ne pourrait être que par hasard que l'on tomberait sur la disposition unique qui permet d'ouvrir le cadenas; et, si l'on voulait parcourir les différentes combinaisons, il faudrait un temps trop long pour n'être pas découvert.

Lorsque l'on veut ouvrir le cadenas; il suffit de faire tourner les viroles (a) jusqu'à ce que les quatre caractères choisis soient entre les deux traits (t); alors, tirant la plaque (n), le cylindre (h), dont les étoquiaux ne sont plus retenus par les anneaux (c), sort en partie du tube (f) et s'arrête à la distance marquée par l'entaille (l), qui vient buter contre la cheville (m); alors, la cheville (p) est sortie du trou (o), et l'anse dégagée peut tourner autour de sa charnière.

Ce genre de fermeture a été varié de plusieurs manières; on a fait, sur ce principe, des serrures dont les viroles étaient sur une même ligne et dont le pêne, formé comme un peigne, ne pouvait se dégager que quand elles étaient placées sur les caractères convenables.

Pour que les cadenas, construits comme celui que nous venons de décrire, présentent la sûreté qu'on en attend, il faut que leur exécution soit parfaite; c'est ordinairement ce qui n'a pas lieu, et j'ai trouvé un moyen de découvrir la combinaison fondé sur l'inexactitude de leur construction.

En effet, si l'on tire fortement et constamment la pièce (n), comme pour ouvrir le cadenas, les étoquiaux (i, i, i, i') presseront sur les cercles (c); mais, comme la division n'est pas faite avec une précision mathématique, un des étoquiaux pressera plus fortement que les autres. Si donc on essaie de faire tourner les viroles, on trouvera facilement celle qui offre le plus de résistance, et en la forçant de tourner, on sentira le moment où l'étoquiau entre dans l'encoche (d), parce que la résistance cessera tout-à-coup, et on aura découvert un des caractères de la combinaison sur laquelle il est fermé. Cela fait, si l'on maintient cette virole dans la position que l'on a trouvée, il est évident que la résistance augmentera sur les viroles restantes, puisque celle qui était touchée la première par l'étoquiau, ne s'oppose plus à son mouvement, et, parmi les trois viroles restantes, il y en aura une qui, par le défaut d'exactitude de division, sera pressée plus fortement que les autres. En la faisant tourner, on trouvera encore le point de l'encoche, parce que la résistance cessera tout-à-coup; enfin, par le même moyen, on découvrira les deux autres encoches, et le cadenas sera ouvert. Il faut beaucoup de tact et d'habitude pour saisir le moment où l'encoche se présente à l'étoquiau; cependant l'on y parvient, et il ne faut que quelques minutes pour découvrir la combinaison lorsqu'on s'est un peu exercé.

Les constructeurs de ces sortes de cadenas se sont beaucoup exercés à corriger ce défaut : les uns ont adapté un ressort qui tenait les viroles constamment pressées; les autres ont fait, autour du cercle (c), autant d'entailles que de lettres, mais vingt-quatre de ces entailles étaient très-peu profondes, tandis que la vingt-cinquième coupait le cercle ; en sorte que, quand on tirait la pièce (n), les étoquiaux s'engageaient dans ces encoches, et on ne pouvait plus du tout faire tourner la virole. Ces divers moyens ont plus ou moins bien remédié au défaut de sûreté que nous venons de signaler, mais il ne l'ont pas entièrement détruit.

Nous ne nous étendrons pas davantage sur les fermetures à combinaisons; celles que nous avons données nous ont paru les meilleures et pouvoir fournir, à un serrurier ingénieux, les moyens d'en composer d'autres.

Nous ne terminerons pas cette partie de l'art sans parler des moyens à l'aide desquels on parvient à violer la sûreté des serrures, soit en employant les instrumens, soit en imitant les clefs. Cet examen ne sera pas sans intérêt et fera mieux ressortir les avantages de quelques-uns des mécanismes ci-dessus décrits.

DES MOYENS EMPLOYÉS POUR OUVRIR LES SERRURES.

Les serrures ordinaires, sans en excepter même les plus compliquées, peuvent être ouvertes par les ouvriers habiles et intelligens qui connaissent leur composition, car la seule difficulté consiste à parvenir aux barbes du pêne et à soulever le ressort d'arrêt.

Dans les becs-de-canne, les serrures bénardes ou même les serrures simples à broches et clefs forées, dont les garnitures se réduisent la plupart du temps à des rouets ou des planches qui n'offrent qu'une partie des figures marquées sur la clef, il suffit d'un crochet ou d'un rossignol dont la forme varie selon la disposition des gardes: mais, dans les serrures dites de sûreté, les gardes sont tellement croisées, que l'introduction devient très-difficile, et quelquefois même impossible : alors, l'ouvrier est obligé d'exécuter une fausse clef. Cette imitation peut être plus ou moins pénible. Cependant un ouvrier habile peut la faire, s'il lui est possible d'avoir en sa possession la véritable clef pendant quelques instans, ou, s'il

ne l'a pas, de pouvoir former une clef sur la serrure elle-même, en supposant qu'il y ait accès. Lorsque l'ouvrier peut être pendant quelques instans possesseur de la clef, il en tire l'empreinte en pressant sur la cire molle le bout du panneton et ensuite le plat de ce même panneton; par la première empreinte, il a la grosseur du canon et du trou, ainsi que la forme du panneton, qui peut présenter diverses figures, telles que une s, un 3, un 5, etc.; par la seconde, il obtient la figure des parties du panneton, sa longueur, et enfin, au moyen de ces deux images, il peut exécuter une clef semblable, dont il a soin de rendre toutes les parties assez libres pour arriver de suite à l'adapter à la serrure. Si l'ouvrier ne peut avoir la clef en sa possession assez de temps pour en prendre l'empreinte, il peut encore, en ayant accès à la serrure, former une clef capable de l'ouvrir. En effet, l'entrée de la serrure présente la forme du bout du panneton, et, pour en obtenir une empreinte, il suffit de garnir de cire le bout plat d'une clef à panneton droit, et de la presser sur l'entrée Après avoir ainsi formé le panneton, de manière qu'il entre jusqu'au fond et sans qu'il y soit marqué aucuns pertuis de garniture, on le couvre de cire, alors, en forçant comme pour le faire tourner, les garnitures se marquent, et le panneton peut être découpé exactement.

Aucune serrure ordinaire n'est à l'abri de ce genre de violation : les serrures à combinaisons peuvent seules parer à un inconvénient qui compromet la sûreté. Nous allons voir comment celles que nous avons données résolvent cet important problème.

La serrure égyptienne en bois ne peut présenter qu'une faible sécurité, car il n'est pas nécessaire, pour soulever la pièce (e) (fig. 336, 337), que la clef soit munie de toutes les chevilles, une seule suffit, et comme elles sont toutes de longueur égale, en tâtant le point d'élévation convenable pour une, toutes sont sorties des trous qui les reçoivent, et la pêne peut se mouvoir.

Il n'en est pas de même de la serrure en bois (fig. 339): chacun des petits verroux (c) tombe séparément dans les encoches du pêne, et ils doivent être soulevés ensemble par la clef pour rendre libre le mouvement du pêne (e); c'est le second degré de sûreté, elle est meilleure que la précédente; mais cependant si l'on pouvait posséder la clef un moment, l'empreinte en serait bientôt prise, et la hauteur des dents, ainsi que leur distance, suffisant pour l'exécuter avec assez de précision, on pourrait ouvrir la serrure; mais si l'on conserve soigneusement la clef, il est bien difficile, pour ne pas dire impossible, de découvrir sa disposition et ses proportions.

La serrure égyptienne de M. Regnier pourrait encore, avec un peu de patience, être violée par le tâtonnement. En effet, les encoches faites sur les petits barreaux reçoivent le tranchant des dents du peigne; mais, lorsqu'une dent au lieu de tomber dans une encoche angulaire tombe dans celle qui doit lui livrer passage, la résistance cesse, et le petit barreau jouit d'une mobilité qu'il n'a pas dans les autres encoches; cependant, il faut en convenir, ce tâtonnement est long et pénible; et, si la clef ne reste jamais à la disposition d'un mal-intentionné, il est bien difficile d'ouvrir le cache entrée représenté dans les figures 348 à 455; mais si la clef est fréquemment à la disposition des gens de service, ils peuvent en prendre une empreinte suffisante pour l'imiter, et en construire une qui ouvre la combinaison.

Enfin, toutes les autres serrures décrites ci-dessus pourraient être ouvertes, si on laissait à la disposition d'un ouvrier habile la clef qui donne le mouvement au mécanisme, et pendant assez de temps pour qu'il puisse l'imiter exactement. La preuve même résulte de ce que M. Bramah donne deux clefs pour la même serrure, et que, par conséquent, l'une ne peut être que la copie de l'autre.

Quant aux serrures à combinaison sans clefs, comme le cadenas représenté (fig. 409 à 418), nous avons déjà indiqué les défauts de sûreté qu'ils présentent.

De toutes les fermetures que nous avons offertes, celle de Bramah, représentée fig. 376, nous paraît mériter la préférence, surtout si l'on a soin de ne laisser jamais la clef à la disposition de gens de service qui puissent trahir la confiance du possesseur de la serrure.

Nous ne croyons pas nécessaire de pousser plus loin les détails relatifs à cette partie de la serrurerie; les exemples, quoique très-multipliés, rentrent dans les principes déjà énoncés, et n'offriraient peut être pas, du moins pour la plupart, un intérêt suffisant pour consacrer un temps précieux à leur examen. C'est au serrurier habile à profiter des documens que nous avons rassemblés, et à en tirer des conséquences utiles à l'avancement de son art.

DE QUELQUES DÉTAILS RELATIFS AUX FERMETURES INTÉRIEURES, ET DE LA TRANSMISSION DU MOUVEMENT AUX SONNETTES D'APPEL.

Les figures 419, 420, représentent un bouton de tirage pour les becs de canne des serrures de portes d'entrée. Cette pièce se compose d'un petit châssis (a) terminé par deux barres (b, b'), coulant dans deux picolets (c, c') fixés sur la platine (d); contre l'un des côtés du châssis, agit un tourniquet (e), monté à carré sur l'axe du bouton à olive. La queue (b) va s'attacher au pêne au moyen d'une tringle terminée par un crochet et quelquefois attachée à charnière au point (f).

Les figures 421, 422, 423, 424, 425, 426, représentent les petits verroux que l'on adapte aux portes des armoires et des cabinets. Le premier est trop simple pour avoir besoin d'être décrit. Quant à celui qu'offrent les figures 423 à 426, il n'a rien de particulier que l'onglette qui sert à lui donner le mouvement : l'avantage de sa construction est de ne présenter rien de saillant sur la porte.

DES MOUVEMENS DE SONNETTE.

La transmission du mouvement aux sonnettes d'appel est une des parties de l'art à laquelle les serruriers attachent le plus d'importance; cependant rien n'est plus simple que de changer les directions d'un mouvement rectiligne à l'aide de leviers coudés ou de poulies de renvoi, et tout consiste à faire agir ces leviers dans le plan des deux directions que l'on veut donner au fil de fer qui communique de l'une à l'autre.

Lors donc que les deux directions qui aboutissent vers un même point sont prises, il faut diriger les deux leviers de manière que le triangle, dont les côtés forment les leviers de transmission, soit dans le plan de ces deux lignes.

Ces doubles leviers sont ordinairement formés comme le représentent les figures 427 à 430; quelquefois on les fait doubles ou triples, comme dans les figures 428 et 429; on alonge aussi l'un des bras, comme dans la figure 430, pour rendre plus douce l'action à exercer par le cordon que l'on y applique; enfin, on varie l'angle des leviers pour s'accorder à la direction des murs dont la situation respective n'est pas toujours rectangulaire : c'est à l'ouvrier intelligent à disposer ces transmissions suivant les localités, et à faire suivre au fil les directions qu'elles exigent.

Les leviers, dont nous avons donné les figures, ajoutent aux résistances par les frottemens des axes sur lesquels ils se meuvent, et pour relever le cordon de tirage, en même temps que pour aider à l'effort du ressort auquel la sonnette est attachée, on place quelquefois, dans la direction même du fil, des ressorts en fer ou en cuivre formés de fil enroulé en hélice, sur une broche cylindrique; on les nomme ressorts à boudin : ils sont attachés en un point quelconque de la direction du fil, et ajoutent à l'effet du ressort de la sonnette.

Les moyens décrits ci-dessus sont toujours apparens, et font un effet assez désagréable dans les appartemens ornés de corniches ou de moulures qui règnent autour du plafond, précisément au point où se placent toujours les transmissions; afin d'éviter cet inconvénient, on a imaginé de changer les directions au moyen de poulies cachées dans les angles des murs, en sorte qu'il ne reste qu'un fil de fer facile à faire disparaître dans les angles ou sous les tapisseries qui recouvrent les intérieurs.

Nous avons représenté (fig. 431, 432) l'élévation et le plan d'une semblable poulie : on voit facilement, en jetant les yeux sur le plan, qu'elle est cachée dans une sorte de niche pratiquée dans l'angle de deux murs. Cette cavité est ensuite fermée par une plaque ployée et s'accordant avec les deux murs, et dans laquelle on pratique une ouverture qui donne passage aux deux fils; les fils, pour la partie qui roule dans la gorge de la poulie, sont terminés par une petite charnière, une corde ou un cordon de soie qui enveloppe les trois quarts de la circonférence, et qui peut s'y enrouler même davantage selon la course que l'on veut donner au cordon. Cette disposition fort simple est d'un usage et d'une application faciles : elle évite aussi les ressorts à boudin et peut servir de rappel; pour cela, il suffit de faire de la poulie un petit barillet dans lequel on place un ressort en spirale, comme on le voit dans la figure 432, où nous avons ponctué ce ressort; on place aussi, devant les gorges de la poulie, deux petites pièces (a) qui la touchent presque, et empêchent le cordon ou la chaîne de sortir de la gorge; on pourrait même, pour plus de sûreté, envelopper la poulie d'un cylindre extérieur, auquel on pratiquerait deux trous pour laisser sortir les cordons.

On nomme déclic un petit mécanisme que l'on adapte aux portes, de manière à ce que l'on ne peut les ouvrir sans donner le mouvement à une sonnette qui avertit de l'entrée; on les applique aux boutiques, aux magasins, aux bureaux, et à tous les endroits où la fréquence des entrées obligerait à un service continuel pour ouvrir les portes; nous n'avons offert qu'un exemple de ce mécanisme dans les figures 433 et 434 : il se compose d'un levier coudé d'équerre (a), dont le centre de mouvement (b) est fixé à l'extrémité d'un fort clou (c). La branche verticale du levier se divise en deux parties : celle inférieure (d) est brisée par une charnière à repos (e); c'est-à-dire que le levier peut ployer dans un sens et demeure rigide lorsqu'on agit dans l'autre, comme le marquent les lignes ponctuées; la branche horizontale porte à son extrémité le cordon (f) qui communique à la sonnette. La porte (g) est armée d'une petite pièce de fer (h), fixée par des vis à bois; elle est placée de manière qu'en ouvrant la porte elle agit sur la branche verticale du levier auquel elle donne le mouvement; mais, lorsque l'on referme la porte, cette même pièce (h), agissant en sens contraire, fait ployer la charnière (e), et le bout (d) retombe dans la position verticale sans imprimer de mouvement au levier, ce qui fait que la sonnette ne s'agite que quand on ouvre la porte.

On a varié de mille manières différentes les déclics des sonnettes : on les cache quelquefois dans l'épaisseur des portes et des feuillures qui reçoivent le vantail; ces différentes dispositions, plus ou moins ingénieuses, sont généralement connues ou peuvent être imaginées pour s'accommoder aux localités; nous n'avons donné celui-ci

que comme un exemple général que l'on peut modifier à volonté.

Nous ne terminerons pas cet ouvrage sans faire remarquer que notre but principal a été de donner non un traité complet et détaillé de toutes les opérations de l'art du serrurier et de toutes les pièces qui s'exécutent dans cet art, mais d'ajouter aux traités déjà publiés, ce que les perfectionnemens toujours croissans de l'industrie ont pu apporter de changemens et d'additions à cette branche de nos constructions; on peut consulter, avec fruit, l'Art du Serrurier, de M. Duhamel-Dumonceau, de l'Académie des Sciences, publié en 1767, et qui se trouve dans la collection des arts et métiers, et l'ouvrage intitulé : *Supplément à l'art du serrurier*, ou *Essai sur les combinaisons mécaniques employées particulièrement pour produire l'effet des meilleures serrures ordinaires;* par Joseph Botterman, de Tilbourg, traduit du hollandais par Feutry; Paris, 1781. Ce dernier ouvrage renferme les serrures à combinaison, dont quelques-unes se trouvent décrites ci-dessus; quant aux autres, elles sont si compliquées, qu'on les a abandonnées à cause de la difficulté de les exécuter et de leur prix excessif.

Nous avons donc tâché de remplir une lacune qui n'était due qu'à l'état actuel de l'art et aux progrès rapides qu'il a fait depuis trente ans : nous croyons cependant que l'ouvrage, tel qu'il est, peut suffire au serrurier déjà initié dans les méthodes pratiques de son état, et qui n'a besoin que de connaître les parties qu'il n'a pas été à même d'étudier.

TABLE DES MATIÈRES

PAR ORDRE ALPHABÉTIQUE.

DE L'IMPRIMERIE DE RICHOMME,
RUE SAINT-JACQUES, N° 6.

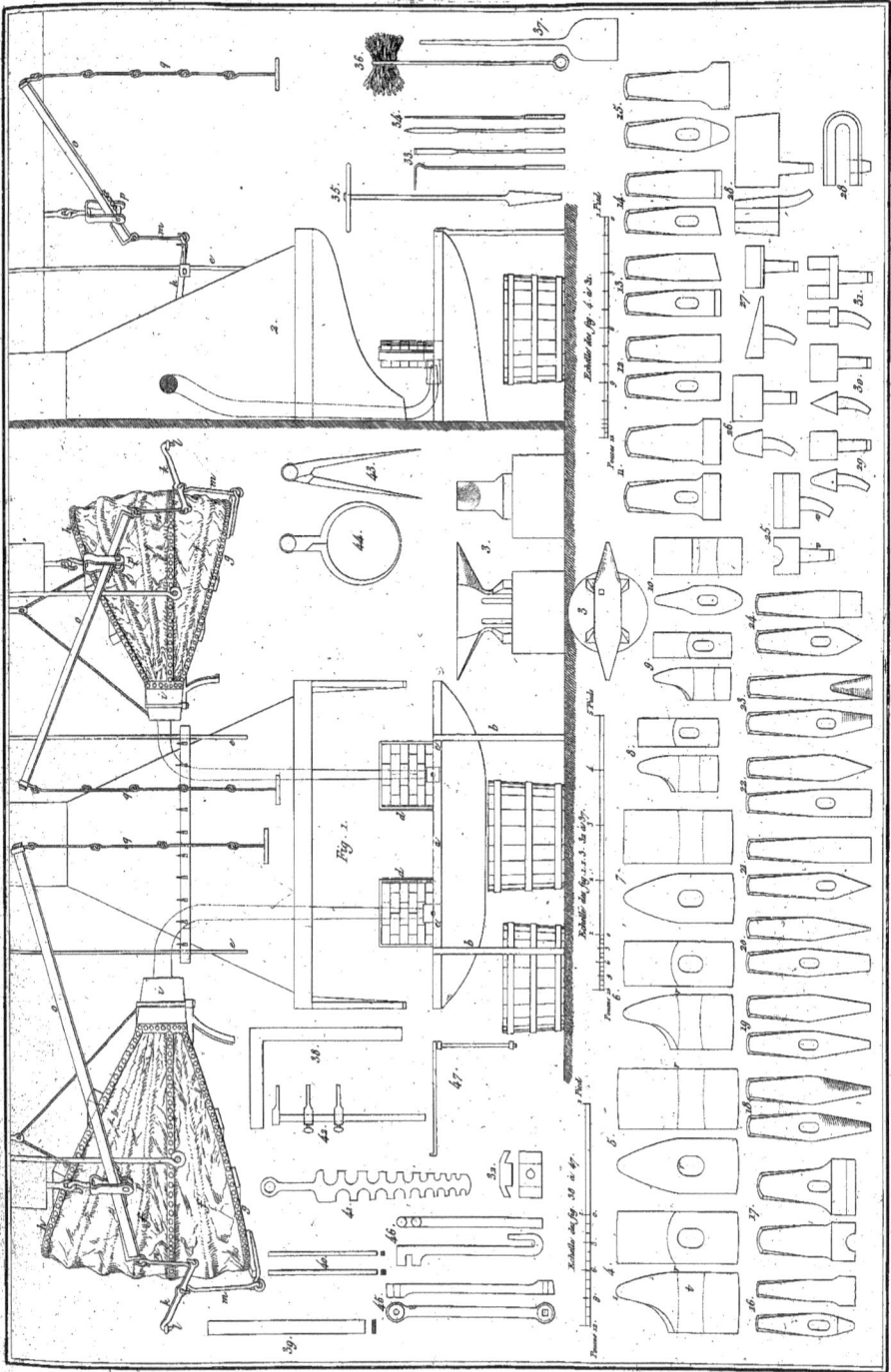

Pl. 1.re

ART DU SERRURIER.

Fig. 1.

Fig. 1 à 47.

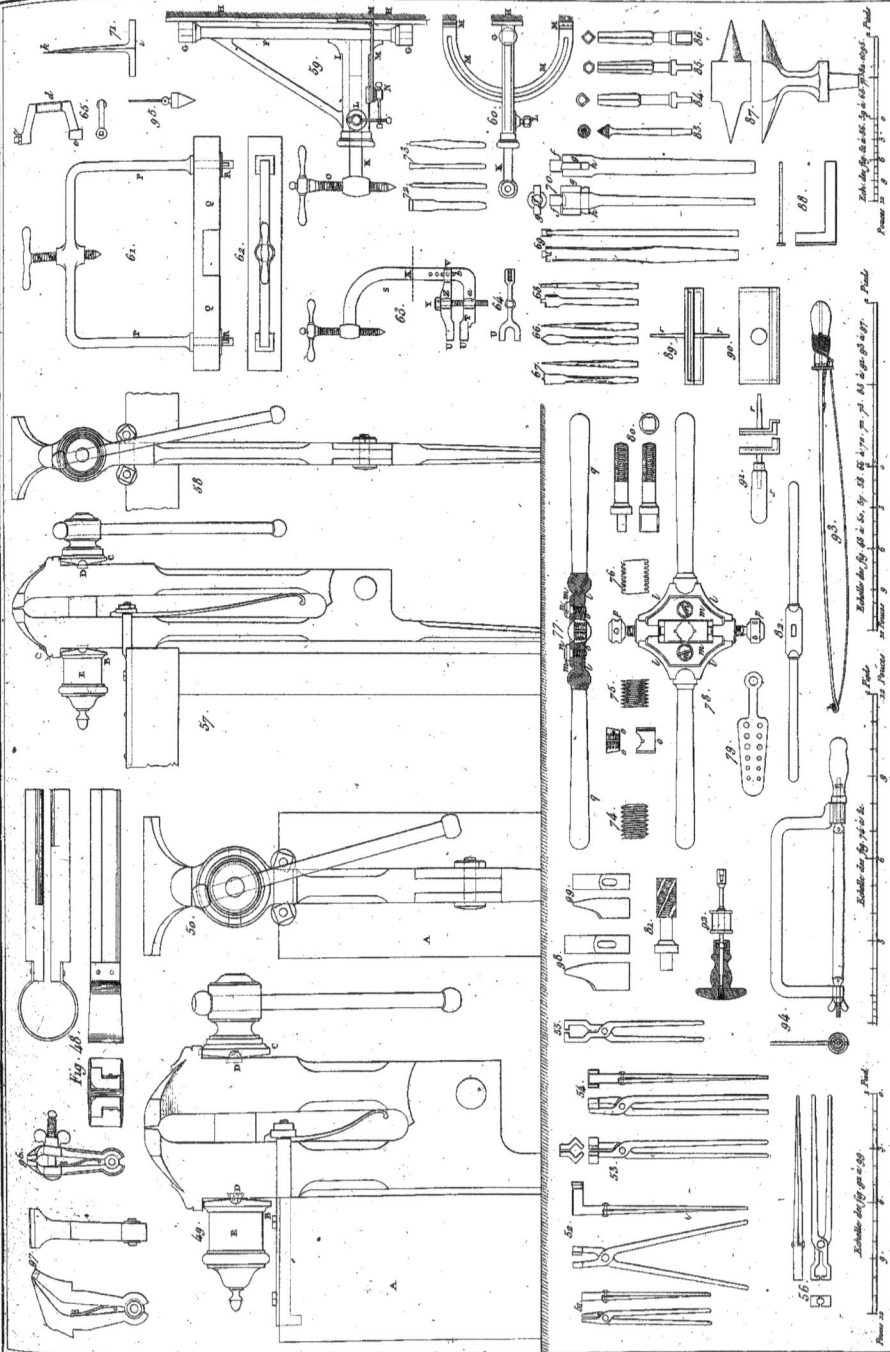

Pl. 2

Fig. 46 à 99.

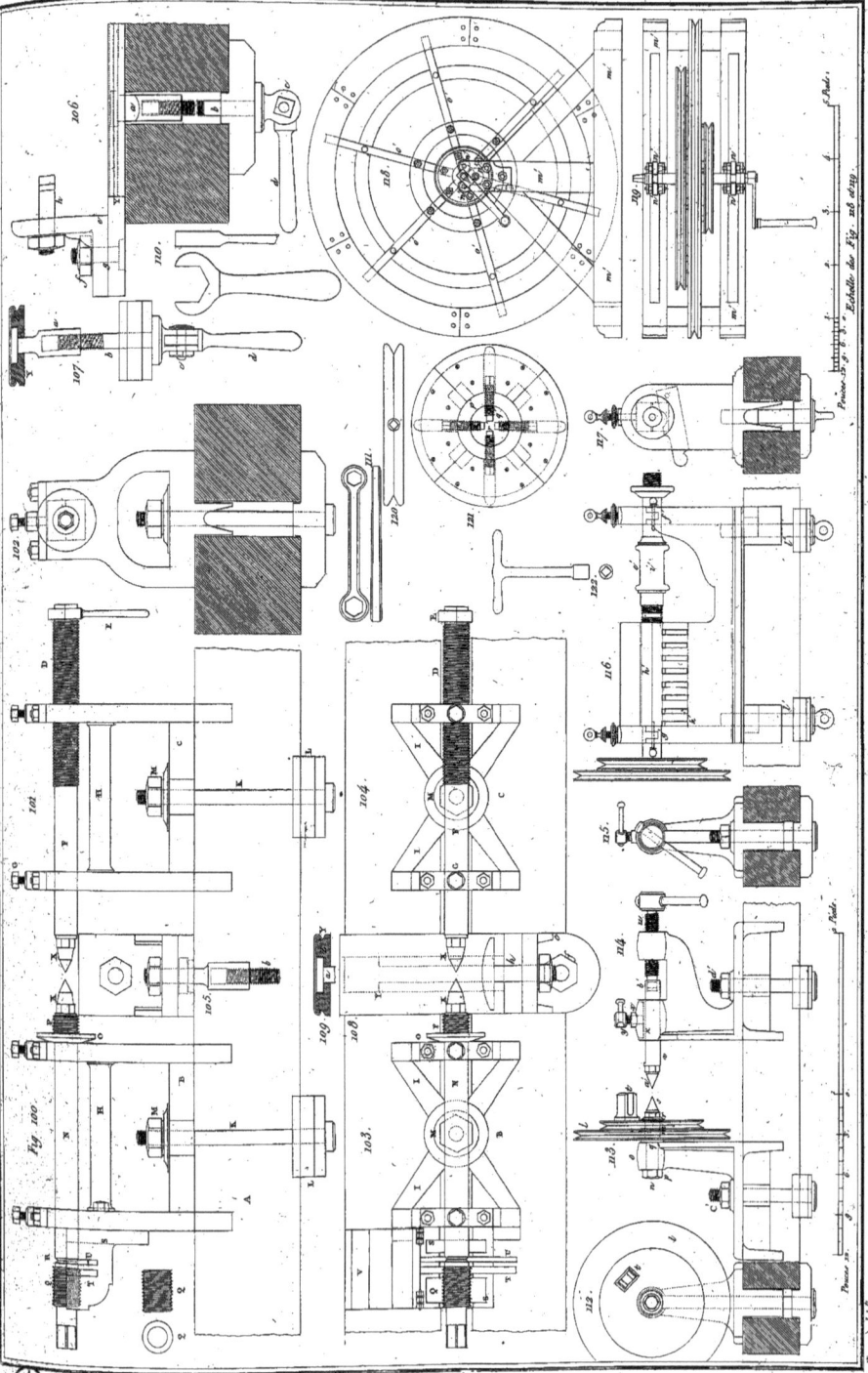

Pl. 3

Fig. 100.

Fig. 106.

107.

108.

110.

102.

111.

109.

101.

105.

104.

108.

103.

112.

117.

115.

114.

116.

113.

Procédé. D. 3°. 3°. Echelle des Fig. 118 et 119.

Figures à 112.

Reymond del.

Procure 22.

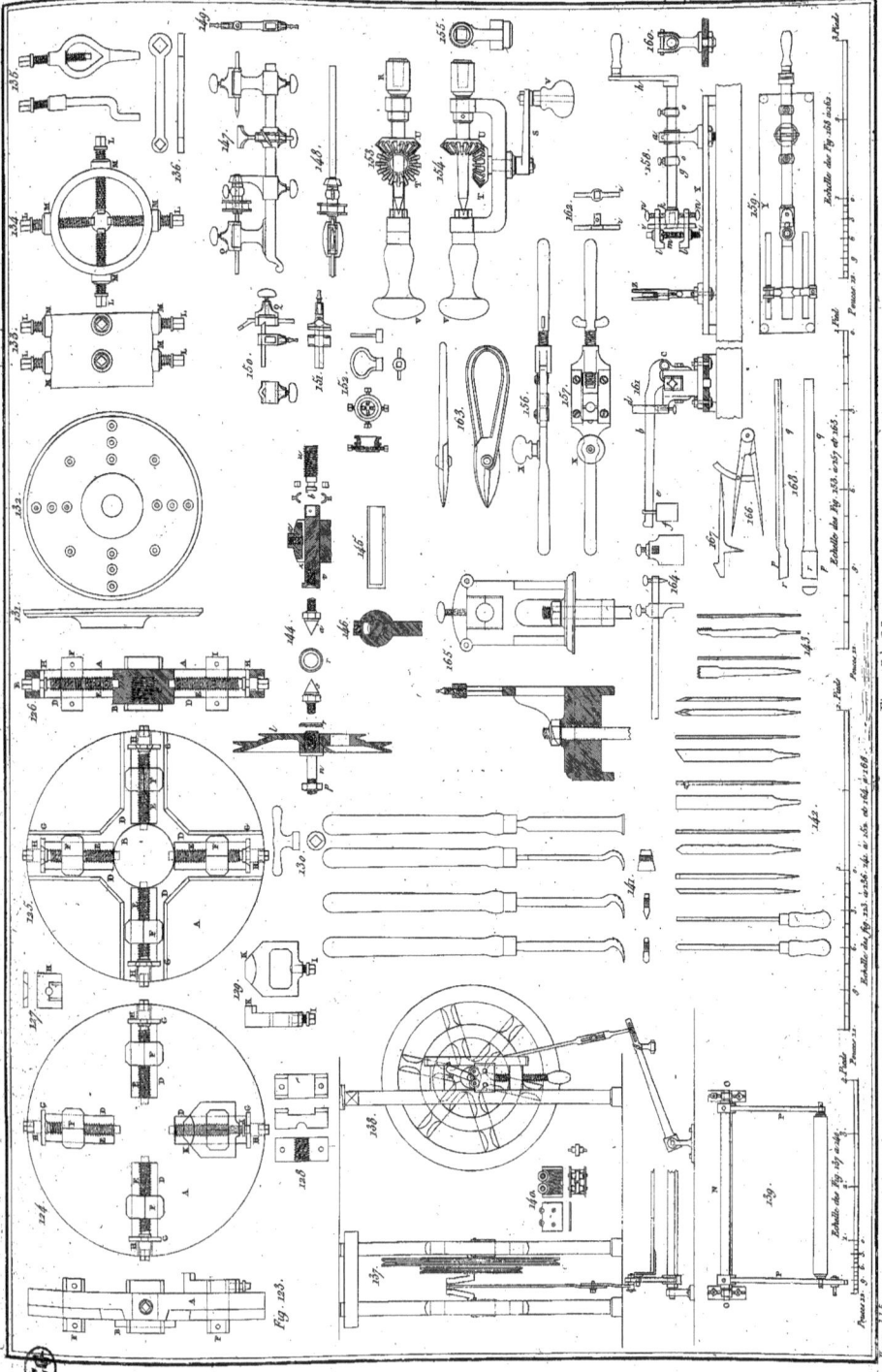

Pl. 4.

Fig. 123 à 168.

Pl. 5.

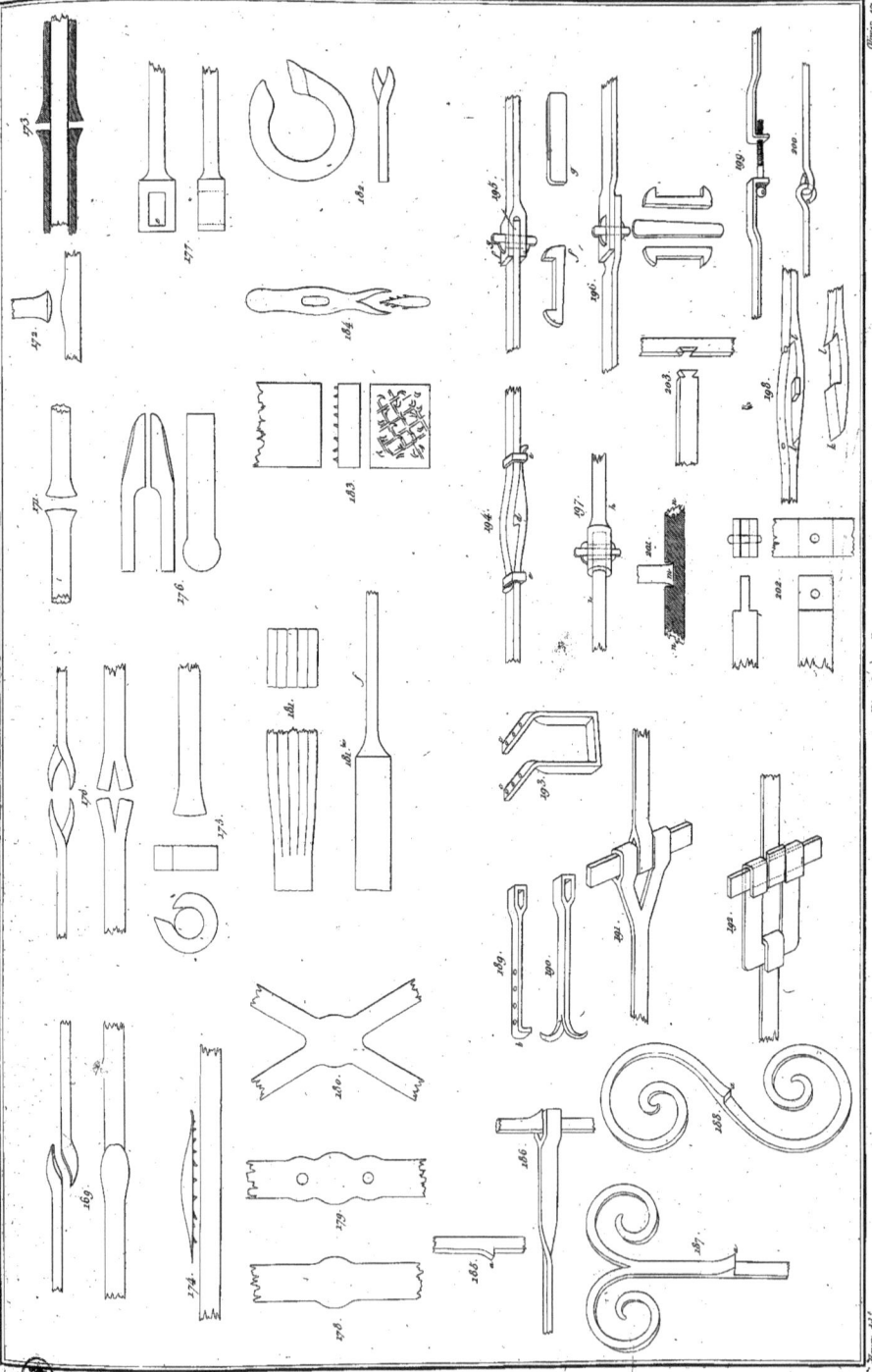

Fig. 169 à 203.

Pl. 6.

Fig. 204.

Fig. 204 à 217.

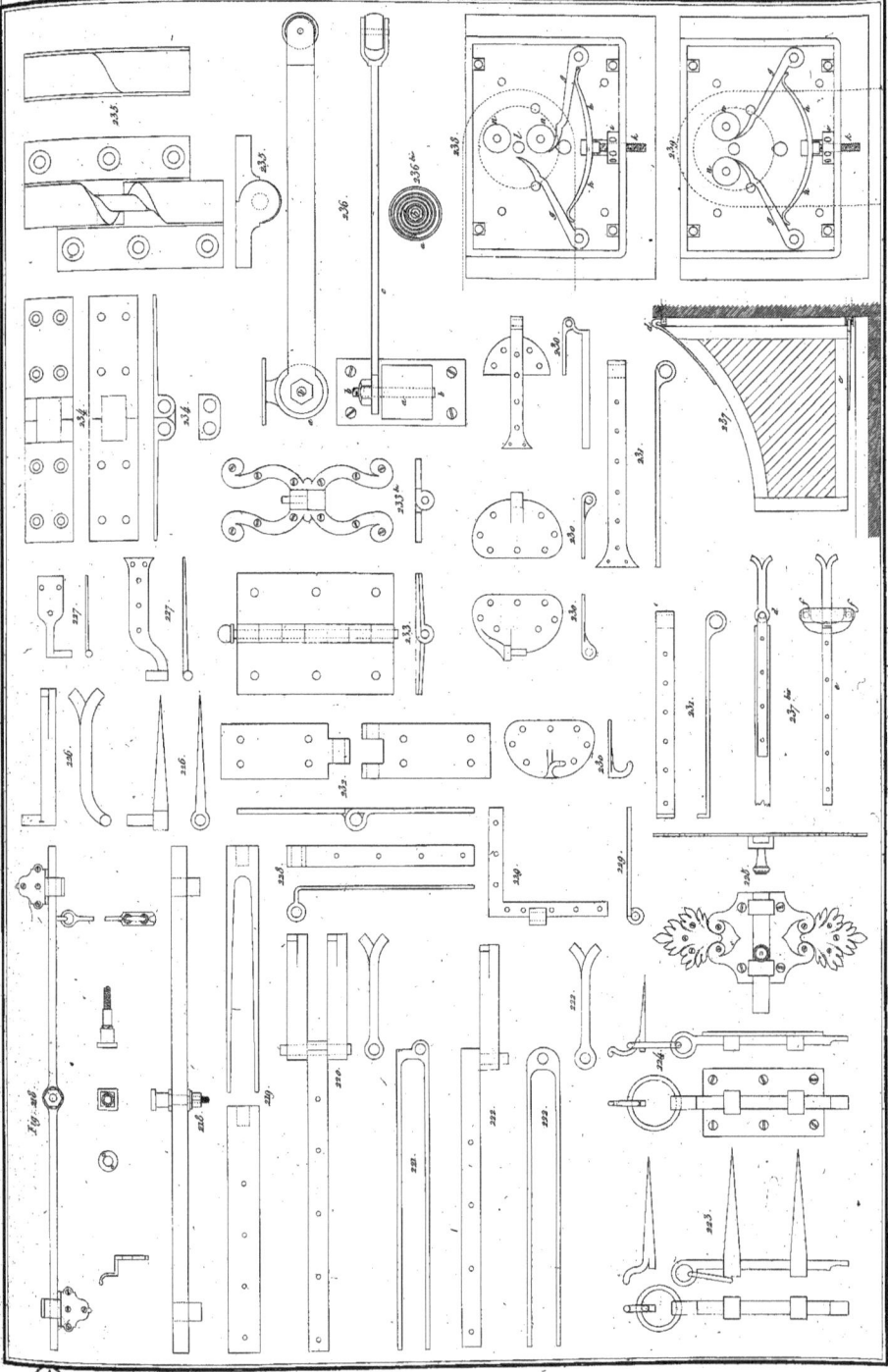

Pl. 7.

Thierry sc.

E. Echelle. Fig. 226 à 236. 237. à 6 t pour pied, 239 à 2 b à 3 t pour p.d. 240. 233. 234 à 6e pour p.d. (Fig. 218 à 239.) 235. à 8 t pour pied, 237. à 11e pour pied, 238. 239. à 9 t pour pied.

Tigeur del.

Pl. 8

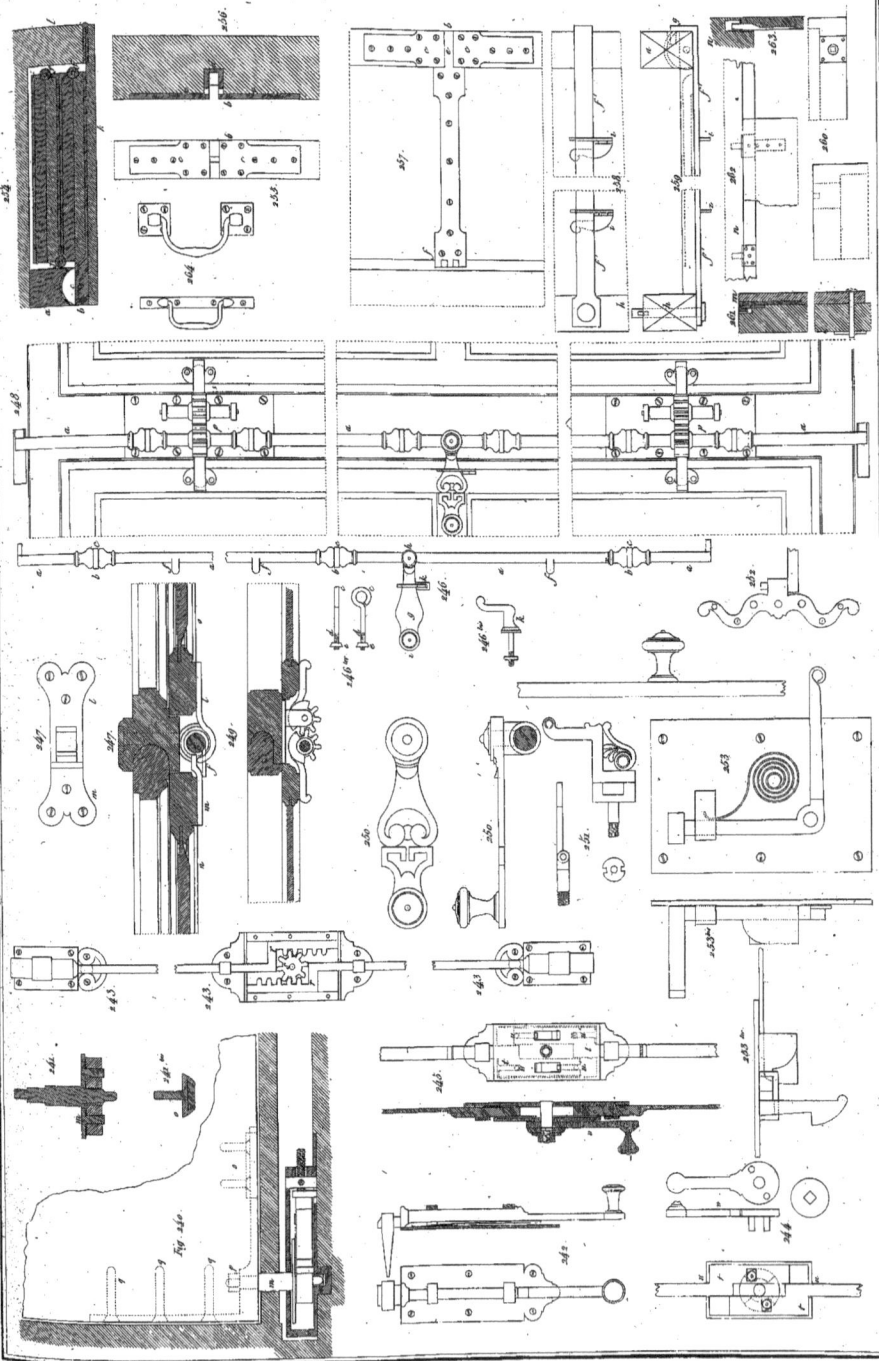

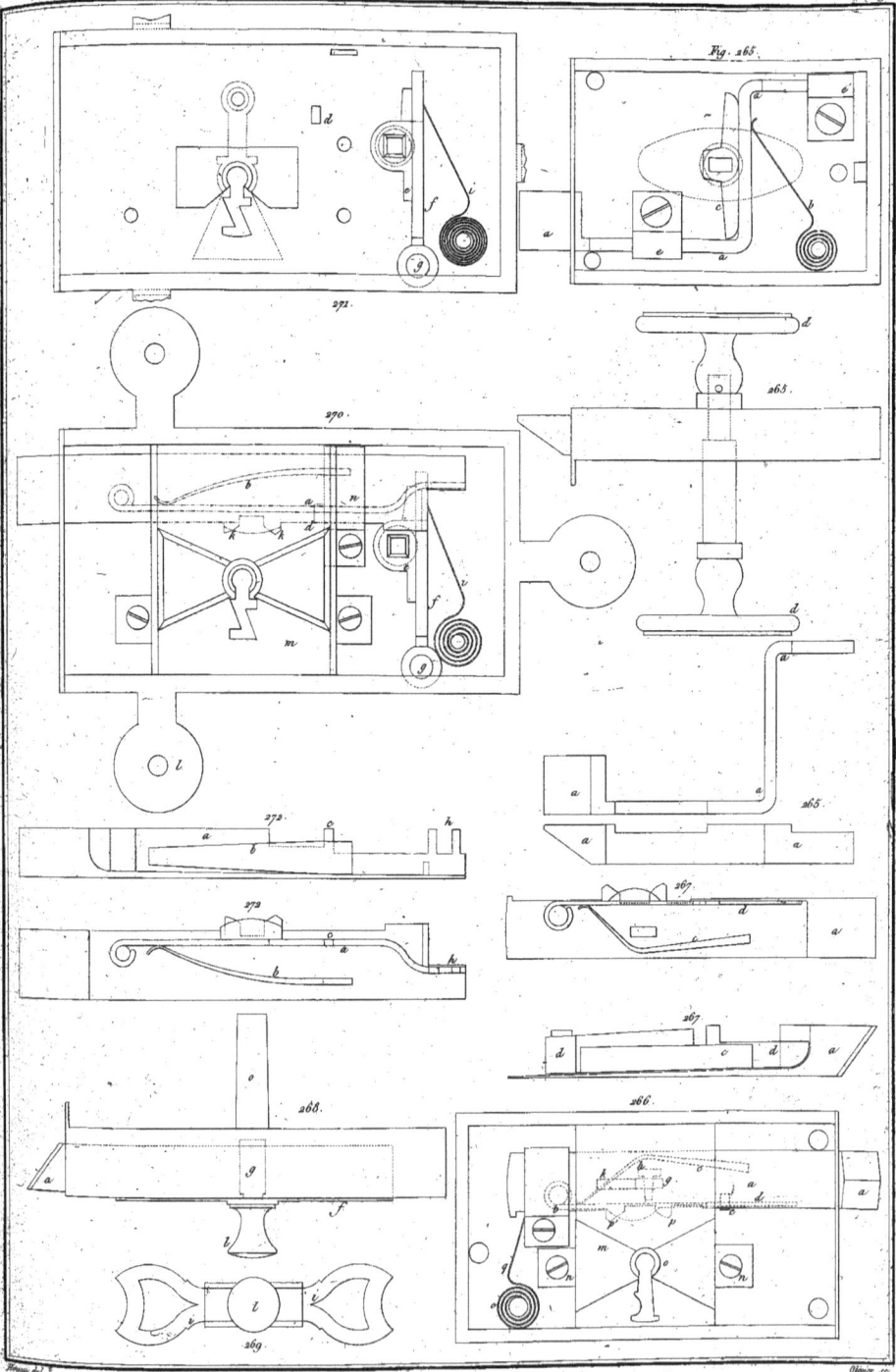

Pl. 9.

Fig. 265 à 272. *Grandeur naturelle.*

Pl. 10.

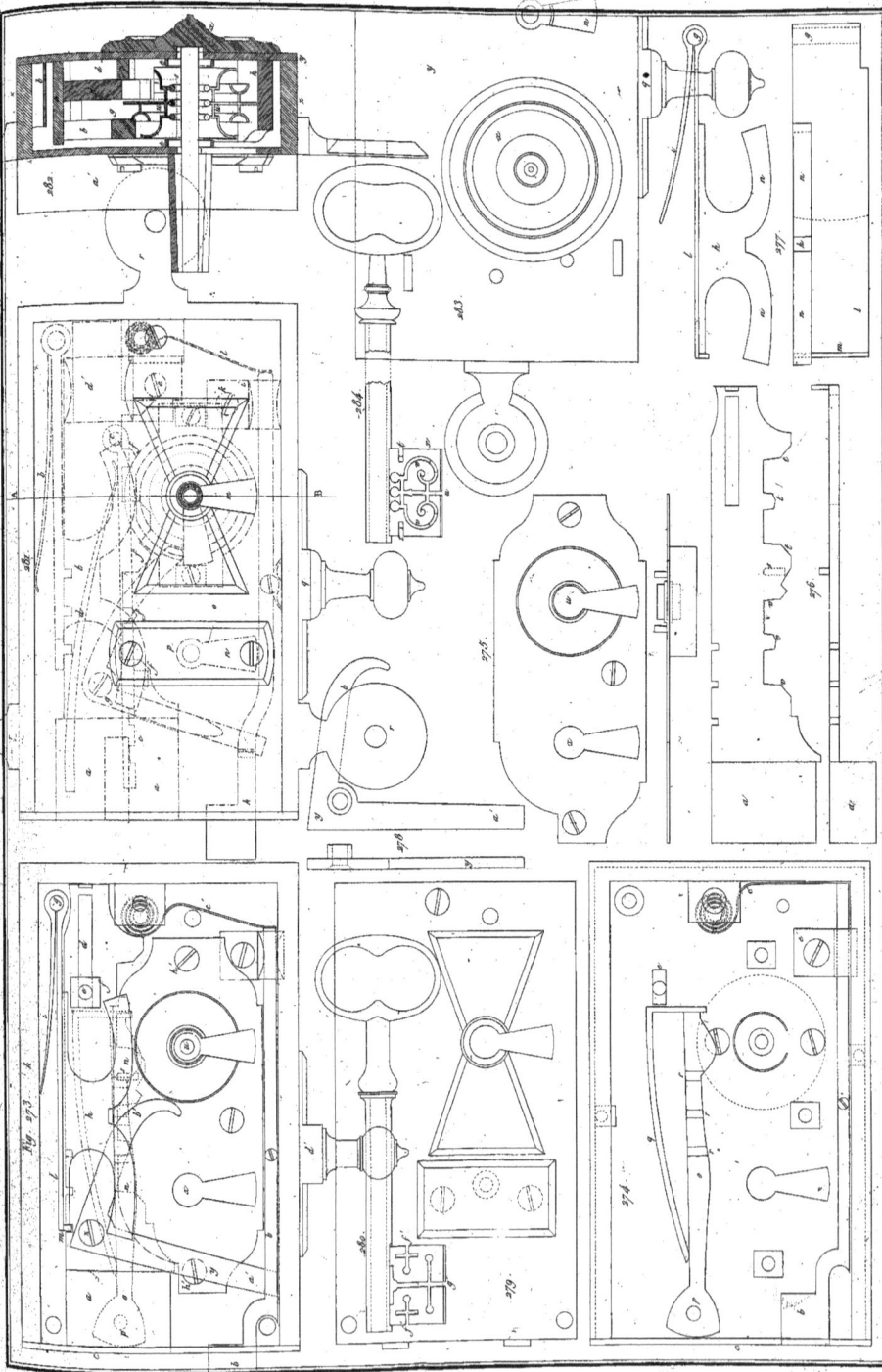

Pl. x

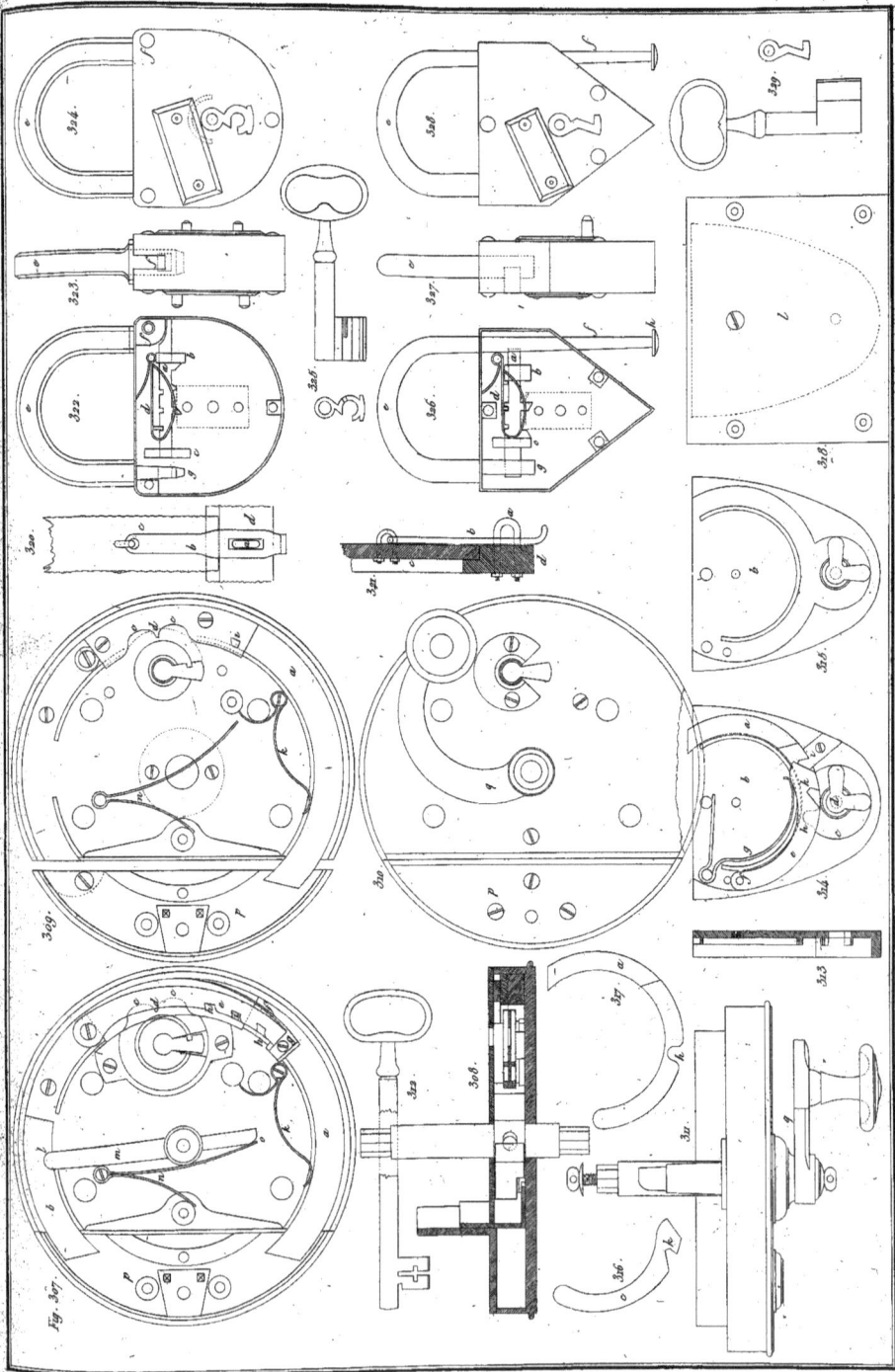

Pl. 22

Fig. 307. à 329. Grandeur naturelle.

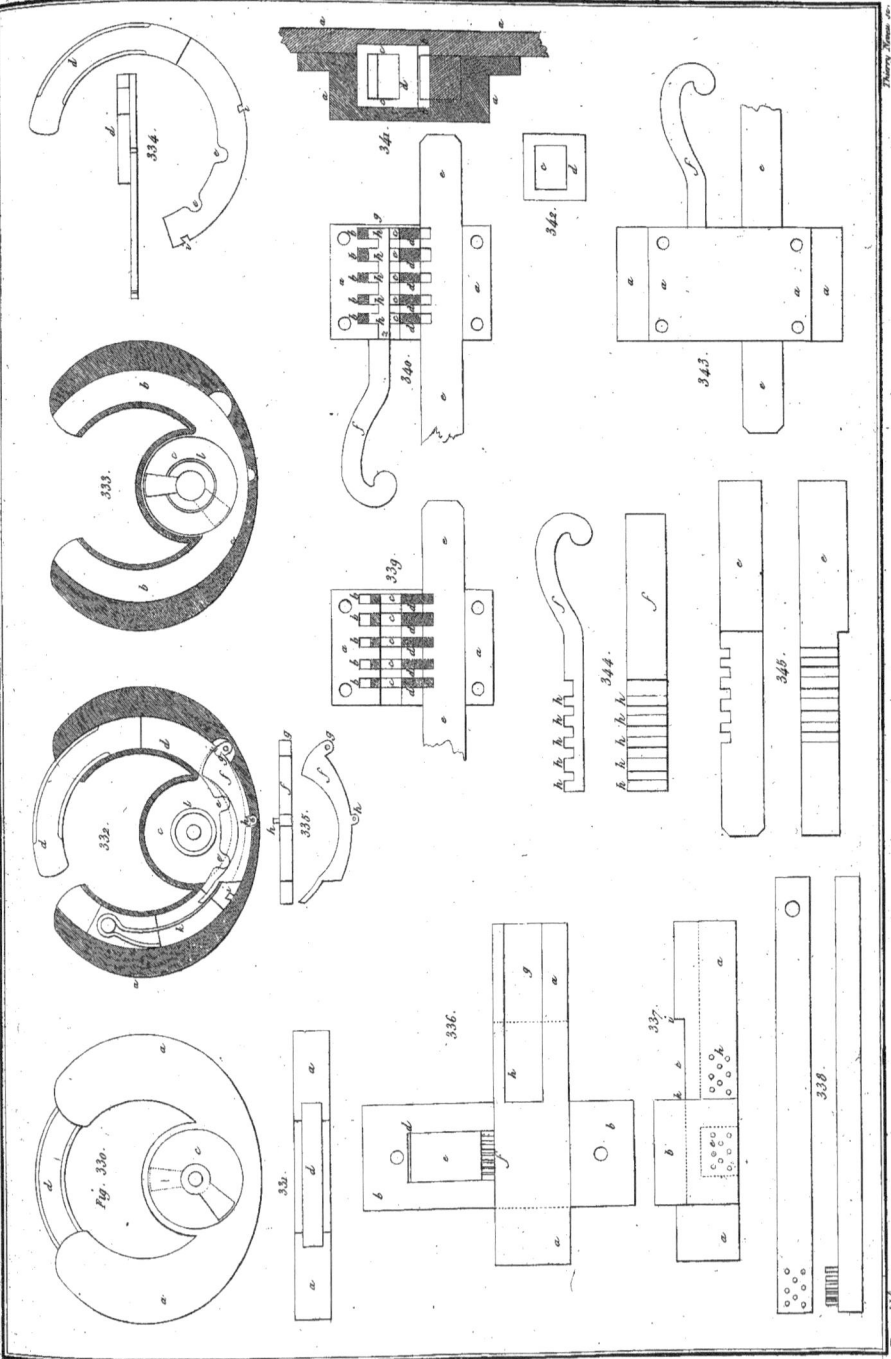

Pl. 13.

Fig. 330 à 345. Grandeur naturelle.

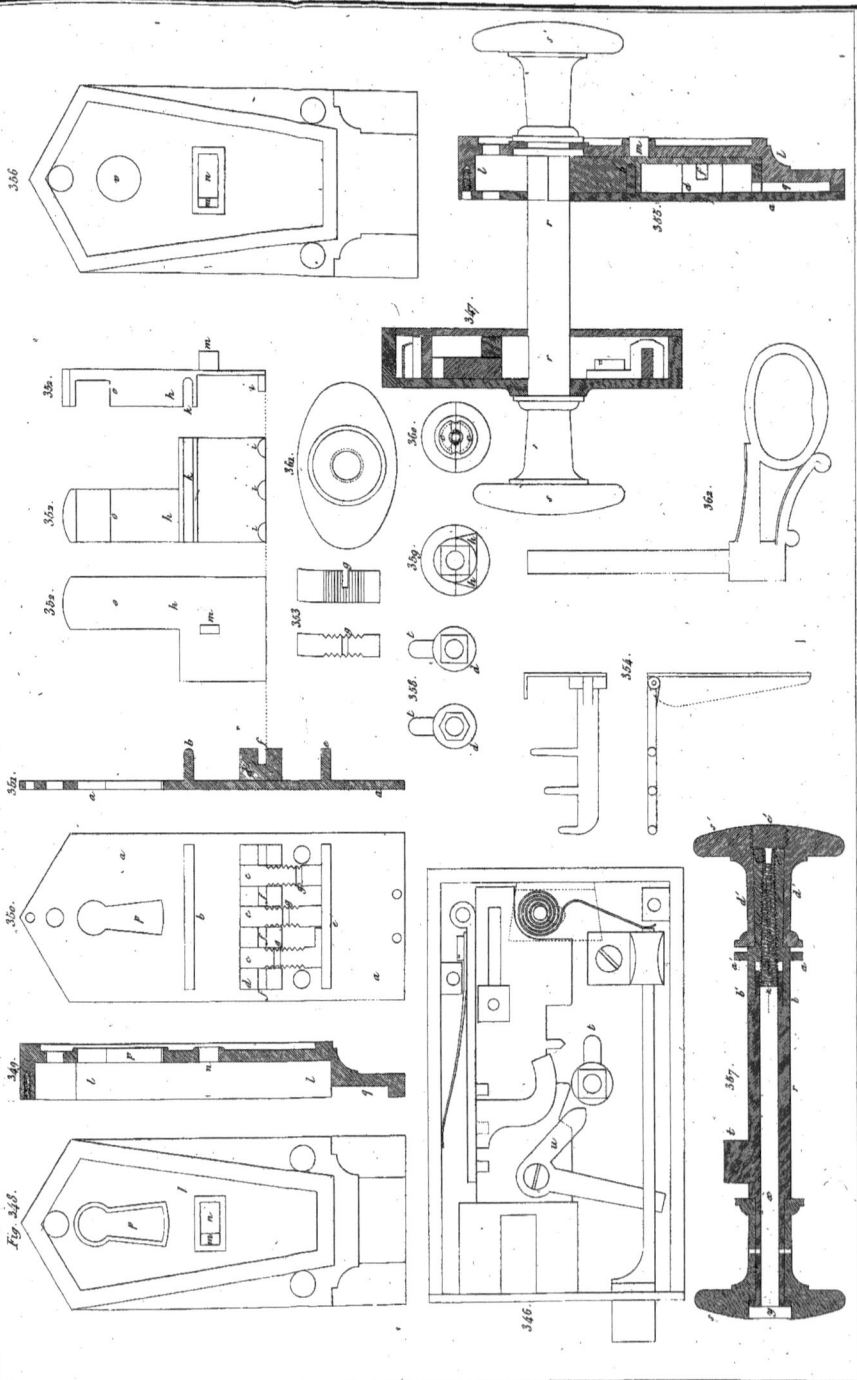

356.

355.

353.

354.

363.

361.

360.

359.

347.

362.

343.

365.

366.

354.

352.

350.

Fig. 348.

349.

346.

357.

Fig. 346 à 362. Grandeur naturelle.

Pl. 16.

Thierry Frères sc.

Fig. 365 à 383. Grandeur naturelle.

Pl. 16.

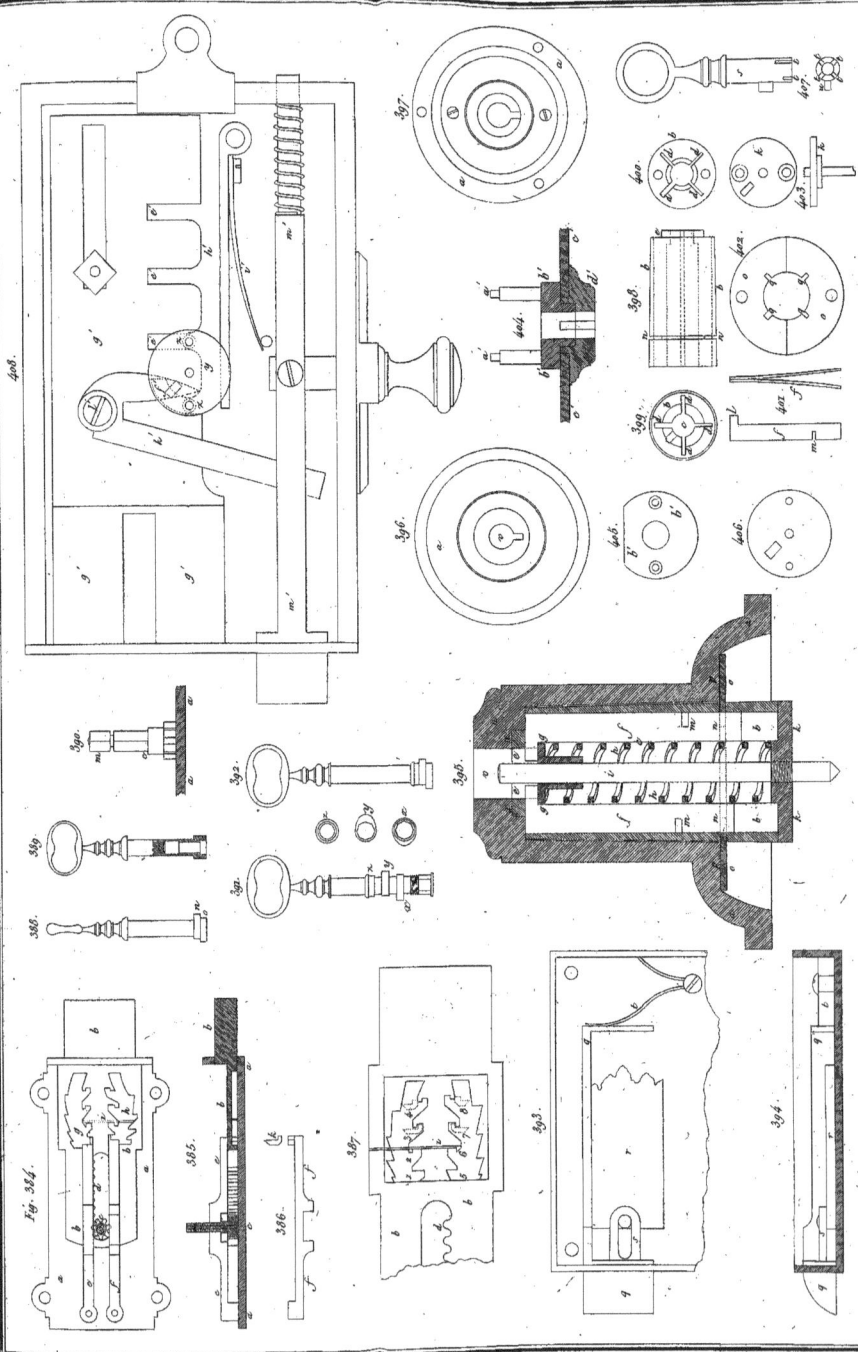

Fig. 384 à 408. Grandeur naturelle, excepté la Fig. 395. qui est du double de l'exécution.

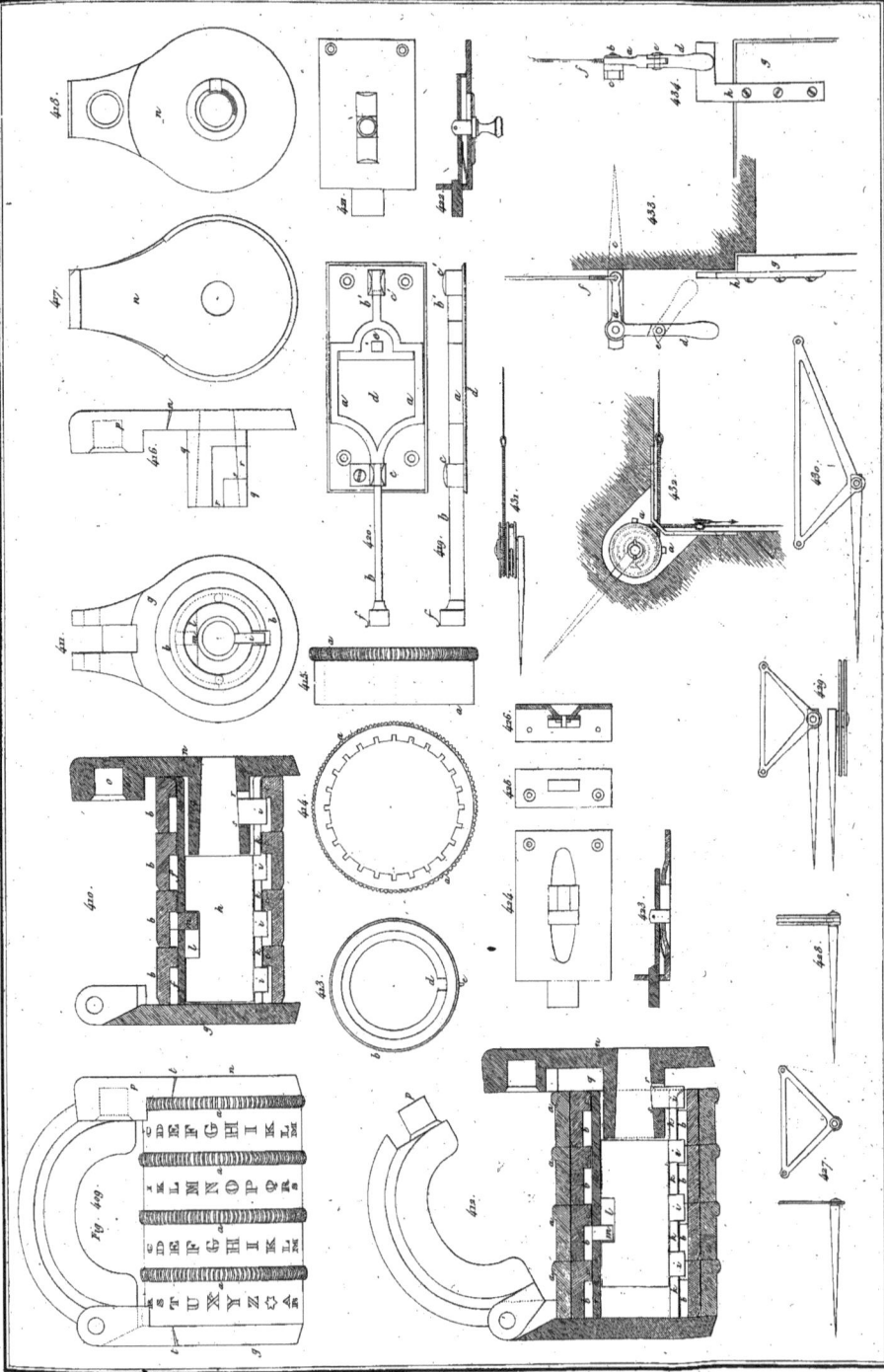

Fig. 409 à 434. Les Fig. 409 à 418 sont de grandeur naturelle; les autres varient de proportion.

www.ingramcontent.com/pod-product-compliance
Lightning Source LLC
Chambersburg PA
CBHW032248210326
41521CB00031B/1686